AEF

Verhandlungen des Ausschusses für Einheiten und Formelgrößen in den Jahren 1907 bis 1927

Herausgegeben im Auftrage des A E F

von

J. Wallot

Springer-Verlag Berlin Heidelberg GmbH

1928

ISBN 978-3-662-38792-4   ISBN 978-3-662-39692-6 (eBook)
DOI 10.1007/978-3-662-39692-6

Aus dem Vorwort zur 1. Ausgabe (1914).

Das Bedürfnis nach Verständigung über die wissenschaftliche Ausdrucksweise ist sehr alt. Man darf dazu schon die Gepflogenheit rechnen, wissenschaftliche Abhandlungen in lateinischer Sprache abzufassen. In dem Maße, wie sich dieser Brauch verlor und die lebenden Sprachen in der Wissenschaft benutzt wurden, wuchsen auch die Verschiedenheiten in den wissenschaftlichen Fachausdrücken und den zu ihrer Darstellung verwandten Formelzeichen.

Abgesehen von einigen älteren, von geringem Erfolg begleiteten Versuchen ist die erste wirkungsvolle Tat auf dem Wege, wieder zur Einheitlichkeit zu gelangen, auf dem Elektrischen Kongreß in Paris im Jahre 1881 vollbracht worden. Dort hat man die wichtigsten elektrischen Einheiten festgelegt, und zwar international und sowohl nach Größe als auch nach Namen. Ein zweiter Versuch wurde 1893 auf dem Internationalen Elektrotechniker-Kongreß in Chicago gemacht; Hospitalier, ein Mann, der sich auf diesem Gebiete große Verdienste erworben hat, legte eine Liste von Einheits- und Formelzeichen vor, die durchaus zweckmäßig und umfassend genug schien. Obgleich sie von dem Kongreß angenommen und überall bekanntgemacht wurde, hat sie leider keinen rechten Anklang gefunden.

Im Jahre 1901 setzte der Elektrotechnische Verein einen „Unterausschuß für einheitliche Bezeichnungen" ein. Dieser veröffentlichte im Jahre 1902 seine ersten Vorschläge und lud zur Mitarbeit „alle Fachgenossen des In- und Auslandes und ebenso die verwandten Zweige der reinen und angewandten Naturwissenschaft, besonders die Physiker und die Ingenieure aller Zweige" ein.

Damit wurde zum ersten Male ein neuer Weg beschritten. Bisher waren stets einige Bevollmächtigte zusammengetreten und hatten im Verlaufe weniger Tage Beschlüsse gefaßt. Nunmehr sollten alle Fachkreise mitarbeiten und ihre langsam gereifte Meinung sollte den Ausschlag geben. Die Einladung des Elektrotechnischen Vereins war von Erfolg, wenn auch nicht im vollen Umfange. Das Ausland hielt sich im ganzen zurück, und nur aus Österreich kam lebhafte Zustimmung; die deutschen Vereine nahmen die Angelegenheit günstig auf. Infolgedessen begründeten bald hiernach, im Jahre 1907, auf Einladung des Elektrotechnischen Vereins zehn wissenschaftliche und Ingenieurvereine in Deutschland, Österreich und der Schweiz, d. h. der deutschredenden Länder, den „Ausschuß für Einheiten und Formelgrößen" zur Fortsetzung und Erweiterung der Arbeiten. Den zehn Vereinen sind inzwischen weitere Vereine beigetreten.

Der AEF ist nach dem Gesagten für das deutsche Sprachgebiet eingesetzt worden. Nachdem sich das fremdsprachliche Ausland ablehnend verhalten hatte, schien es wenig Aussicht zu bieten, eine internationale Verständigung zu erstreben; auch war auf dem Gebiet der deutschen Sprache genügend zu tun. Es wurde aber das ganze Gebiet der reinen und angewandten Naturwissenschaften einbezogen, in der Erkenntnis, daß etwas Gründliches und Dauerndes nur geschaffen werden könne, wenn es auch zugleich genügend umfassend sei. Zugleich wurde, wie aus dem §6 der Satzung hervorgeht, die Ausdehnung auf internationale Verständigung vorbehalten.

Mit der Internationalen Elektrotechnischen Kommission, die infolge eines im Jahre 1904 auf dem Elektrotechniker-Kongreß in St. Louis gefaßten Beschlusses begründet wurde und ähnliche Aufgaben verfolgt wie der AEF, ist eine Verständigung über die beiderseitigen Arbeiten, soweit sie gleiche Gegenstände betreffen, erzielt worden.

Berlin, Oktober 1914. Strecker.

Vorwort des Herausgebers.

Die neue Ausgabe der Verhandlungen des AEF unterscheidet sich wesentlich von der ersten. Während diese eine ausführliche aktenmäßige Darstellung der Entwicklung der einzelnen Listen, Sätze und Entwürfe war mit allem Hin und Her der zum Teil Jahre lang währenden Beratungen, soll die neue Ausgabe mehr den Bedürfnissen derer entgegenkommen, die sich über die Beschlüsse des AEF und die Überlegungen, die ihnen zugrunde liegen, rasch und bequem unterrichten wollen.

Die Anordnung ist die folgende. Den einzelnen Listen, Sätzen und Entwürfen sind kurze Angaben in kleinem Druck vorangestellt, aus denen hervorgeht, wann die Listen und Sätze endgültig angenommen sind, wer an dem Gegenstand mitgearbeitet hat und wo in der Elektrotechnischen Zeitschrift Veröffentlichungen des AEF über den Gegenstand zu finden sind. Den Schluß bilden Erläuterungen, die um so ausführlicher wiedergegeben sind, je jünger der betreffende Entwurf ist.

Endgültig festgestellt sind nur die mitgeteilten Listen und die „Sätze". Die „Entwürfe" stehen noch zur öffentlichen Beratung. Zur Mitarbeit an ihnen lädt der AEF alle ein, die dem Gegenstand Interesse entgegenbringen. Äußerungen werden jedesmal an den an erster Stelle genannten Bearbeiter erbeten.

Berlin-Siemensstadt, April 1928. Wallot.

Inhaltsübersicht.

Seite

Aus dem Vorwort zur 1. Ausgabe 3
Vorwort des Herausgebers 3
Satzung des AEF 5
Verzeichnis der am AEF beteiligten Vereine 6
Vorstand des AEF 6
Mitglieder des AEF 7
Geschäftsordnung des AEF 10

Zeichen.

Formelzeichen 12
Einheitszeichen 14
Mathematische Zeichen 17

Sätze.

Satz 1. Mechanisches Wärmeäquivalent 19
Satz 2. Leitfähigkeit und Leitwert 20
Satz 3. Temperaturbezeichnungen 20
Satz 4. Einheit der Leistung 21
Satz 5. Spannung, Potential, Potentialdifferenz und elektromotorische Kraft . . 21
Satz 6. Durchflutung und Strombelag 26
Satz 7. Normaltemperatur 26
Satz 8. Feld und Fluß 27
Satz 9. Masse und Gewicht 28
Satz 10. Vektorzeichen 29
Satz 11. Drehung, Schraubung, Winkel, rechts- und linkswendiges Koordinatensystem 32
Satz 12. Valenzladung 34
Satz 13. Gehalt von Lösungen 34

Entwürfe.

Entwurf 5. Wechselstromgrößen 36
Entwurf 8. Arbeit und Energie 40
Entwurf 19. Magnetischer Schwund 41
Entwurf 26. Dichte und Wichte 41
Entwurf 29. Richtleistung 43
Entwurf 30. Schreibweise physikalischer Gleichungen 43

Aufgaben 48

Sachverzeichnis 49

Satzung des AEF.

§ 1.

Die Aufgaben des Ausschusses für Einheiten und Formelgrößen (AEF) sind:
1. Einheitliche Benennung, Bezeichnung und Begriffsbestimmung wissenschaftlicher und technischer Einheiten,
2. einheitliche Festsetzung der Zahlenwerte wichtiger Größen,
3. einheitliche Benennung und Begriffsbestimmung der in Formeln vorkommenden Größen, Aufstellung einheitlicher Zeichen für diese Größen,
4. sonstige einheitliche Abmachungen in Formfragen auf wissenschaftlichem Gebiete.

Am AEF können sich Vereine deutscher Zunge aus den Gebieten der reinen und angewandten Naturwissenschaften beteiligen.

Die beteiligten Vereine werden die von diesem Ausschuß getroffenen Festsetzungen in ihren Vereinszeitschriften veröffentlichen und ihre Beachtung fördern.

§ 2.

Zu diesem Ausschuß ernennt jeder der beteiligten Vereine vier Mitglieder. Die Amtsdauer beträgt drei Jahre. Wiederernennung ist zulässig.

Die durch Ablauf der Amtsdauer oder freiwillig oder durch den Tod ausscheidenden Mitglieder werden durch Neuwahl von ihren Vereinen ersetzt, ohne daß es dazu einer Erinnerung durch den AEF bedarf.

Wenn bei einem durch Ablauf der Amtsdauer ausscheidenden Mitgliede binnen drei Monaten keine Neuernennung vorliegt, wird angenommen, daß das bisherige Mitglied auf drei weitere Jahre ernannt sei.

§ 3.

Der Ausschuß wählt alle drei Jahre aus seiner Mitte einen Vorsitzenden, einen stellvertretenden Vorsitzenden, zwei Schriftführer und einen Kassenführer. Wiederwahl ist zulässig.

Der Ort der Verhandlungen ist in der Regel Berlin.

§ 4.

Der Ausschuß stellt seinen Arbeitsplan selbst auf.

Er bearbeitet die in Aussicht genommenen Aufgaben zunächst nach eigenem Ermessen und bringt seinen Entwurf in spruchreife Form.

Diese wird alsdann den Vereinen oder den von letzteren bezeichneten Vereinsorganen zur Beratung mitgeteilt und zugleich veröffentlicht.

Nach einer angemessenen, vom Ausschuß festgesetzten Frist teilt jeder Verein das Ergebnis seiner Beratung dem Ausschuß mit. Zur gleichen Frist kann auch jedes Mitglied der Vereine sich dem Ausschuß gegenüber zu den veröffentlichten Aufgaben und Entwürfen äußern. Das Schlußergebnis der eingegangenen Antworten wird vom Ausschuß festgestellt und veröffentlicht.

§ 5.

Reichs- und Staatsbehörden können vom AEF zur Entsendung von Vertretern eingeladen werden, die ohne Stimmrecht an den Sitzungen und Beratungen teilnehmen.

§ 6.

Der Ausschuß wird ermächtigt, sich mit Vereinigungen anderer Länder, welche ähnliche Bestrebungen verfolgen, in Beziehung zu setzen, um auf gemeinsamen Gebieten einheitlich vorgehen zu können.

§ 7.

Der Ausschuß hat die Befugnis, zur Bearbeitung einzelner Aufgaben geeignete Mitarbeiter heranzuziehen (außerordentliche Mitglieder).

Ausscheidende Mitglieder können vom Ausschuß zu korrespondierenden Mitgliedern ohne Stimmrecht gewählt werden.

§ 8.

Die beteiligten Vereine behalten volle Freiheit, Aufgaben aus dem Arbeitsgebiet des AEF in Angriff zu nehmen. Die Ergebnisse dieser und früherer einschlägiger Arbeiten sind dem Ausschuß mitzuteilen.

§ 9.

Der Ausschuß gibt sich seine Geschäftsordnung selbst.

§ 10.

Das Urheberrecht des Ausschusses an seinen Veröffentlichungen hat der Vorsitzende auszuüben.

§ 11.

Der Ausschuß wählt alle drei Jahre einen der beteiligten Vereine zum geschäftsführenden Verein. Dieser hat für den Ausschuß die Kassen- und Bureaugeschäfte zu führen.

Wiederwahl ist zulässig; erfolgt keine Neuwahl, so gilt dies als Wiederwahl.

§ 12.

Die beteiligten Vereine tragen die Kosten, die durch die regelmäßigen Arbeiten des AEF entstehen. Der Gesamtbetrag dieser Kosten soll 4000 Mk. jährlich nicht übersteigen. Er wird vom Vorstand des AEF im Einvernehmen mit den am AEF beteiligten Vereinen alljährlich festgesetzt und nach einem durch Selbsteinschätzung gewonnenen Schlüssel auf die Vereine verteilt. Diese haben ihre Anteile zu Beginn des Kalenderjahres an den AEF zu zahlen.

Aus den zur Verfügung gestellten Mitteln sind die gewöhnlichen Bureaukosten, die Kosten für Vervielfältigungen und Versendung von Entwürfen und Schreiben, für Drucksachen und andere den Mitgliedern zu liefernde Unterlagen der Beratung und Arbeit, sowie nach einem durch die Geschäftsordnung festgesetzten Tarif die Reisekosten der außerordentlichen und korrespondierenden Mitglieder zu bestreiten. Die Reisekosten für die ordentlichen Mitglieder (§ 2) fallen den Vereinen je für die von ihnen ernannten Mitglieder zur Last. Der Vorsitzende des AEF ist jedoch befugt, in besonderen Fällen auch für ordentliche Mitglieder Reisekosten zu bewilligen, wenn die Anwesenheit der Mitglieder bei einer Beratung oder Besprechung unumgänglich nötig erscheint und der zuständige Verein nicht in der Lage ist, die Reisekosten zu ersetzen.

Für die Unternehmungen des AEF, z. B. die Herausgabe von Broschüren, Wandtafeln, Taschenblättern, werden die Vereine die nötigen Geldmittel nach dem festgesetzten Schlüssel vorstrecken. Etwaige Verluste aus diesen Unternehmungen werden sie nach dem festgesetzten Schlüssel tragen.

Über die Verwendung der zur Verfügung gestellten Gelder hat der Vorstand des AEF alljährlich zu angemessener Zeit Rechenschaft abzulegen. Als Geschäftsjahr gilt das Kalenderjahr.

Bei einer etwaigen Auflösung des AEF fällt sein Vermögen nach dem bestehenden Schlüssel an die Vereine zurück.

§ 13.

Jeder der beteiligten Vereine hat das Recht, von der Teilnahme am AEF zurückzutreten.

§ 14.

Vereine der in § 1, vorletzter Absatz, bezeichneten Art, welche wünschen, dem AEF beizutreten, haben dies dem geschäftsführenden Verein mitzuteilen. Der Wunsch wird von diesem den beteiligten Vereinen mitgeteilt und gilt als angenommen, wenn nicht binnen sechs Wochen Widerspruch erhoben wird.

§ 15.

Änderungen dieser Satzung können von den beteiligten Vereinen mit Zweidrittelmehrheit beschlossen werden. Jeder Verein hat dabei eine Stimme.

Die Satzung ist von allen am AEF beteiligten Vereinen genehmigt worden.

Verzeichnis der am AEF beteiligten Vereine.

Lfde. Nr.	Name des Vereins	Anschrift	Mitglieder-Zahl am 1.1.1928	Abkürzung
1	Elektrotechnischer Verein, E. V.	Berlin W 35, Potsdamer Str. 118a II	3296	EV
2	Verband Deutscher Elektrotechniker, E. V.	Berlin W 57, Potsdamer Str. 68	10230	VDE
3	Verein Deutscher Ingenieure	Berlin NW 7, Ingenieurhaus	rund 30000	VdI
4	Verband Deutscher Architekten- und Ingenieur-Vereine, E. V.	Charlottenburg 9, Marienburger Allee 13	rund 8000	VDAI
5	Deutsche Physikalische Gesellschaft, E. V.	Charlottenburg 2, Werner-Siemens-Str. 8/12	1530	DPG
6	Deutsche Bunsen-Gesellschaft für angewandte physikalische Chemie	Seelze bei Hannover 197	850	DeBuG
7	Österreichischer Ingenieur- und Architekten-Verein	Wien I, Eschenbachgasse 9	3400	ÖIAV
8	Elektrotechnischer Verein in Wien	Wien VI, Theobaldgasse 12	1902	EVW
9	Deutsche Chemische Gesellschaft	Berlin W 10, Sigismundstr. 4	5100	DCG
10	Schweizerischer Elektrotechnischer Verein	Zürich 8, Seefeldstr. 301	1875	SEV
11	Deutsche Maschinentechnische Gesellschaft	Berlin SW 68, Lindenstr. 80 III	860	DMG
12	Deutscher Verein von Gas- und Wasserfachmännern, E. V.	Berlin W 35, Lützowstr. 33—36	1160	DVGW
13	Berliner Mathematische Gesellschaft	Charlottenburg, Berliner Str. 171, Math. Sem. d. Techn. Hochsch.	rund 250	BMG
14	Verband der Centralheizungs-Industrie, E. V.	Berlin W 9, Linkstr. 29	420	VdCI
15	Deutsche Beleuchtungstechnische Gesellschaft, E. V.	Berlin W 35, Lützowstr. 33—36	381	DBG
16	Wissenschaftliche Gesellschaft für Luftfahrt, E. V.	Berlin W 35, Blumeshof 17 VI	rund 800	WGL
17	Deutsche Gesellschaft für technische Physik, E. V.	Berlin-Lichterfelde-Ost, Marienfelder Str. 50	1500	DGTP
18	Vereinigung der Elektrizitätswerke, E. V.	Berlin SW 48, Wilhelmstr. 37 III	732	VdEW
19	Zentralverband der Deutschen Elektrotechnischen Industrie	Berlin W 10, Corneliusstr. 3	rund 350 Firmen	ZV

Vorstand des AEF.

Vorsitzender: K. Strecker.   Stellv. Vorsitzender: J. Wallot.
1. Schriftführer: G. Hamel.   2. Schriftführer: K. Meyer.   Kassenführer: E. Riesenfeld.

Mitglieder des AEF
(nach dem Stande vom 1. Juli 1928).

A. Ordentliche Mitglieder.

Lfde. Nr.	Name	Titel, Stand	Wohnort und Straße	Ernannt vom
1	Adler, Ernst	Dr., Direktor, Vorstandsmitglied der AEG	Berlin NW 40, Friedrich-Karl-Ufer 2/4	EVW
2	Becker, Walter	Reg.-Baumeister a. D.	Berlin-Charlottenburg 2, Charlottenburger Ufer 58^I	VDAI
3	Betz, Albert	Dr. phil., Prof. an der Universität	Göttingen, Herzberger Landstr. 39a.	WGL
4	Bodenstein, Max	Dr., Prof. an der Universität	Berlin-Wannsee, Tristanstr. 22	DeBuG
5	Bunte, Karl	Dr., Prof. an der Techn. Hochschule	Karlsruhe (Baden), Kriegstr. 148	DVGW
6	Dieterich, G.	Direktor	Berlin W 9, Linkstr. 29	VdCI
7	Draeger, Winfried	Dipl.-Ing., Reichsbahnrat	Berlin-Friedenau, Kirchstr. 26/27	DMG
8	Dziobek, Walter	Reg.-Rat bei der Physikal.-Techn. Reichsanstalt	Berlin-Charlottenburg, Werner-Siemens-Str. 8/12	DBG
9	Eckert, Fritz	Dr.	Berlin-Lichterfelde-West, Zehlendorfer Str. 18	DGTP
10	Eitner, Paul	Dr., Prof. an der Techn. Hochschule	Karlsruhe (Baden), Bahnhofstr. 10	DBG
11	Estorff, Walther	Dr.-Ing., Obering. bei den Siemens-Schuckert-Werken A. G.	Berlin-Charlottenburg 4, Niebuhrstr. 61	ZV
12	Everling, Emil	Dr., Prof., Referent im Reichsverkehrsministerium	Berlin-Schlachtensee, Heinrichstr. 29b	WGL
13	Fleischmann, Lionel	Dr. phil., Direktor, stellv. Vorstandsmitglied der AEG	Berlin-Grunewald, Paulsborner Str. 50a	ZV
14	Föttinger, Herm.	Dr.-Ing., o. Prof. an der Techn. Hochschule	Berlin-Wilmersdorf, Berliner Str. 65	VdI
15	Hamel, Georg	Dr. phil., o. Prof. an der Techn. Hochschule	Berlin W 30, Eisenacher Str. 35	BMG
16	Harms, F.	Dr. phil., Prof. an der Universität	Würzburg, Bismarckstr. 1	DPG
17	Hertwig, A.	Dr., Geh. Reg.-Rat, Prof. an der Techn. Hochschule	Berlin-Charlottenburg 2, Kurfürstenallee, Baracke 15	BMG
18	Hettner, G.	Dr., Prof. an der Universität	Berlin-Charlottenburg, Witzlebenstr. 31	DPG
19	Hiecke, Rich.	Dr., Direktionsrat i. R.	Wien XVII, Zeillergasse 65, Stiege XI/3	EVW
20	Hort, Wilh.	Dipl.-Ing., Dr., Prof. an der Techn. Hochschule	Berlin-Charlottenburg, Tegeler Weg 108	DGTP
21	Iltgen, G.	Reichsbahnoberrat	Berlin-Friedenau, Bennigsenstr. 5	DMG
22	Jakob, Max	Dr.-Ing., Prof., Ober-Reg.-Rat bei der Physikal.-Techn. Reichsanstalt	Berlin-Charlottenburg 9, Kastanienallee 27	DPG
23	Kade, Friedr.	Dr.-Ing. bei den Bergmann-Elektricitätswerken A. G.	Berlin-Tempelhof, Friedrich-Karl-Straße 110, v. II r.	VDE
24	Kesselring, Fritz	Dr.-Ing., Obering. bei den Siemens-Schuckert-Werken A. G.	Berlin-Hermsdorf, Ringstr. 32	VDE
25	Kloß, Max	Dr.-Ing., o. Prof. an der Techn. Hochschule	Berlin-Nikolassee, Sudetenstr. 10	EV
26	Kobes, Karl	Dr. techn., Hofrat, o. ö. Prof. an der Techn. Hochschule	Wien IV, Karlsplatz 13	ÖIAV
27	Löbl, Oskar	Dr.-Ing., Obering. bei der Berufsgen. d. Feinmech. u. Elektrotechnik	Berlin-Hermsdorf, Neue Bismarckstr. 2	EV
28	Ludwig, Bernhard	Dipl.-Ing., Oberbaudirektor der Städt. Gaswerke	München 54, Dachauer Str. 148	DVGW
29	Lux, H.	Dr., beratender Ingenieur	Berlin W 57, Bülowstr. 91	DBG
30	Madelung, Georg	Dr.-Ing., a. o. Prof. an der Techn. Hochschule, Vorstandsmitglied der Deutschen Versuchsanstalt für Luftfahrt	Berlin-Adlershof, DVL-Flugplatz	WGL
31	Marx, Anton	Oberbaurat	Wien VII, Lerchenfelderstr. 115	EVW
32	Matthias, Adolf	o. Prof. an der Techn. Hochschule	Berlin-Wilmersdorf, Schrammstr. 8	VDE

Lfde. Nr.	Name	Titel, Stand	Wohnort und Straße	ernannt von
33	Meyer, Kurt	Obering., Schriftleiter der Zeitschrift des Vereins Deutscher Ingenieure	Berlin NW 7, Friedrich-Ebert-Str. 27, Ingenieurhaus	VdI
34	Müller, Siegmund	Dr.-Ing., Geh. Reg.-Rat, Prof. an der Techn. Hochschule	Berlin-Nikolassee, Normannenstr. 5	VDAI
35	Nordmann, Hans	Prof., Reichsbahnoberrat	Berlin W 50, Achenbachstr. 9	DMG
36	Passavant, Herm.	Dr. phil., Dr.-Ing. E. h., Direktor der VdEW	Berlin W 35, Kurfürstenstr. 55	VdEW
37	Pirani, M.	Dr. phil., Prof., Direktor der Studienges. f. elektrische Beleuchtung (Osramkonzern)	Berlin-Wilmersdorf, Hohenzollerndamm 198	DBG
38	Preuß, Friedr.	Dipl.-Ing., Obering. der Kraftbetriebsabt. der Deutsche Ind.-Werke A.-G., Spandau	Berlin-Charlottenburg 5, Leonhardtstr. 1	VdI
39	Primavesi, Oskar	Ing., o. ö. Prof. an der Techn. Hochschule	Wien IV, Gußhausstr. 25	EVW
40	Reithoffer, Max	Dr., Hofrat, Prof. an der Techn. Hochschule.	Wien IV, Gußhausstr. 25	ÖAIV
41	Riesenfeld, Ernst H.	Dr., Prof. an der Universität	Berlin W 15, Uhlandstr. 157	DCG
42	Rothe, Rud.	Dr., o. Prof. an der Techn. Hochschule	Berlin-Wilmersdorf, Trautenaustr. 16	BMG
43	Rüdenberg, Reinh.	Dr.-Ing., Dr.-Ing. E. h., Hon.-Prof. an d. Techn. Hochschule, Chefelektriker der SSW	Berlin-Grunewald, Douglasstr. 18	EV
44	Scheel, Karl	Dr. phil., Dr.-Ing. E. h., Prof., Geh. Reg.-Rat bei der Physikal.-Techn. Reichsanstalt	Berlin-Dahlem, Werderstr. 28	DPG
45	Schlomann, Alfred	Beratender Ingenieur	Berlin-Dahlem, Rohlfsstr. 14 a	VdI
46	Stern, Georg	Dr. phil., Direktor, stellv. Vorstandsmitglied der AEG	Berlin-Oberschöneweide, Wilhelminenhofstr. 83/85	ZV
47	Strecker, Karl	Dr. phil. nat., Dr.-Ing. E. h., Prof., Geh. Ober-Postrat, Präsident a.D.	Heidelberg, Häußerstr. 32	EV
48	Sulzberger, Karl	Dr. phil., beratender Ingenieur	Zürich 6, Hadlaubstr. 67	SEV
49	Teichmüller, Joachim	Dr., o. Prof. an der Techn. Hochschule	Karlsruhe (Baden)-Rüppurr, Göhrenstr. 17	VDE
50	Trettin, C.	Obering. bei d. Siemens-Schuckert-Werken A. G.	Berlin NW 5, Rathenower Str. 21	ZV
51	Wagner, K. W.	Dr. phil., Dr.-Ing. E. h., Präsident a. D., o. Prof. an der Techn. Hochschule	Berlin-Wilmersdorf, Güntzelstr. 9	BMG
52	Weber, Moritz	Dr.-Ing., o. Prof. an der Techn. Hochschule	Berlin-Nikolassee, Lückhoffstr. 19	WGL
53	Weidert, Franz	Dr., a. o. Prof. an der Techn. Hochschule, wissenschaftl. Mitglied d. Kais.-Wilh.-Instituts f. Silikatforschung	Berlin-Zehlendorf-West, Goethestr. 9	DGTP
54	Zipp, Herm.	Ing., Prof. an der Techn. Akademie	Köthen (Anhalt), Ratswall 12	VdEW

B. Korrespondierende Mitglieder.

Lfde. Nr.	Name	Titel, Stand	Wohnort und Straße
1	Barkhausen, H.	Dr., o. Prof. an der Techn. Hochschule	Dresden-Altstadt 27, Daheimstr. 10
2	Breisig, Franz	Dr. phil., Prof., Geh. Oberpostrat und Ministerialrat	Berlin W 66, Reichspostministerium
3	Brodhun, Eugen	Dr., Prof., Geh. Reg.-Rat, Direktor	Berlin-Grunewald, Franzensbader Str. 3
4	Dettmar, Georg	Dr.-Ing. E. h., o. Prof. an der Techn. Hochschule	Hannover, Brühlstr. 11 I.
5	Dießelhorst, Herm.	Dr., o. Prof. an der Techn. Hochschule	Gliesmarode bei Braunschweig, an der Wabe 20
6	Emde, Fritz	Dr.-Ing. E. h., o. Prof. an der Techn. Hochschule	Stuttgart, Moserstr. 14
7	Engelhardt, Victor	Dipl.-Ing., Dr.-Ing. E. h., Dr. techn. E. h., Hon.-Prof. an der Techn. Hochschule, Direktor der Siemens & Halske A.-G. und der Siemens Elektro-Osmose G. m. b. H.	Charlottenburg, Schillerstr. 10 II
8	Görges, Johannes	Dr.-Ing. E. h., Geh. Hofrat, Professor i. R.	Dresden-A. 27, Bernhardstr. 96
9	Görner, S.	Obering. bei d. Firma Hartmann & Braun	Frankfurt/M.-West
10	Gumlich, Ernst	Dr. phil., Prof., Geh. Reg.-Rat, Mitglied d. Physikal.-Techn. Reichsanstalt i. R.	Berlin-Charlottenburg, Knesebeckstr. 85 I
11	Hochenegg, C.	Ing., Prof., Hofrat	Wien XIX, Unterer Schreiberweg 102
12	Jaeger, Wilh.	Dr. phil., Prof., Geh. Reg.-Rat	Berlin-Friedenau, Lauterstr. 38
13	Luther, R.	Dr. phil., Prof.	Dresden-A. 24, Nürnberger Str. 59 I
14	Nernst, Walter	Dr. phil., Geh. Reg.-Rat, Präsident a. D., Prof. an der Universität	Berlin NW 7, Neue Wilhelmstr. 16

Lfde. Nr.	Name	Titel, Stand	Wohnort und Straße
15	Peter, Otto	Reichsbahnrat	Berlin S 59, Hasenheide 95, 1. Aufg. II r.
16	Plato, F.	Dr. phil., Geh. Reg.-Rat, Direktor i. R.	München, Reitmorstr. 12 II
17	Richter, Rud.	Dr.-Ing., o. Prof. an der Techn. Hochschule Karlsruhe	Durlach i. B., Goethestr. 24
18	Scheibe, Gustav	Oberregierungsbaurat a. D.	Berlin-Spandau, Neuendorfer Str. 94
19	Wien, Max	Dr. phil., o. Prof. an der Universität	Jena, Physikal. Institut, Helmholtzweg
20	Zehme, E. C.	Schriftleiter d. Elektrotechnischen Zeitschrift	Berlin-Lichterfelde, Zehlendorfer Str. 16

C. Außerordentliche Mitglieder.

Lfde. Nr.	Name	Stand, Titel	Wohnort und Straße
1	Adrian, Walter	Dr.-Ing.	Berlin NW 7, Friedr. Ebert-Str. 27, Ingenieurhaus
2	Becker, Rich.	Dr. phil., o. Prof. an der Techn. Hochschule	Berlin-Wannsee, Tristanstr. 1 a
3	Berger, Rich.	Dr.-Ing., Dozent an der Gaußschule	Berlin NW 23, Schleswiger Ufer 17
4	Buchholz, Herbert	Dipl.-Ing., Dr.-Ing., i. Fa. Paul Meyer A.-G.	Berlin S 59, Urbanstr. 126
5	Frank, O.	Dipl.-Ing., Geschäftsführer beim Deutschen Normenausschuß	Berlin NW 7, Dorotheenstr. 47
6	Giebe, E.	Dr. phil., Prof., Ober-Reg.-Rat bei der Physikal.-Techn. Reichsanstalt	Berlin-Charlottenburg, Marchstr. 25 b
7	Haußmann, K.	Dr.-Ing. E. h., Dr. mont. h. c., Geh. Reg.-Rat, Prof. i. R.	Schwäb. Gmünd, Arlerstr. 24
8	Hochschild, Heinr.	Dr.-Ing., Patentanwalt	Berlin-Charlottenburg 2, Marchstr. 9
9	Hundt, Albert	Obering. bei der AEG	Berlin-Karlshorst, Riastr. 14
10	Kösters, Wilh.	Dr. phil., Direktor bei der Physikal.-Techn. Reichsanstalt	Berlin-Charlottenburg, Werner-Siemens-Str. 27/28
11	Lichtenstein, Leo	Dr., Dr.-Ing., Prof. an der Universität	Leipzig, Großgörschenstr. 3
12	Melchior, Paul	Dipl.-Ing.	Berlin-Charlottenburg 4, Dahlmannstr. 12
13	Meyer, Erwin	Dr., wissensch. Hilfsarbeiter beim Reichspostzentralamt	Berlin-Steglitz, Mariendorfer Str. 17 I
14	Moench, Fr.	Dr. phil., Postrat beim Reichspostzentralamt	Berlin-Schöneberg, Hauptstr. 161
15	Nickel, Paul	Studienrat	Berlin N 65, Brüsseler Str. 47
16	Ollendorff, Franz	Dipl.-Ing., Dr.-Ing.	Berlin-Wilmersdorf, Düsseldorfer Str. 56a
17	Orlich, Ernst	Dr., Geh. Reg.-Rat, o. Prof. an der Techn. Hochschule	Berlin-Zehlendorf-Mitte, Dallwitzstr. 24
18	Porstmann, W.	Dr. phil.	Berlin-Lichterfelde-Ost, Hermannstr. 29
19	Prandtl, L.	Dr., o. Prof. an der Universität	Göttingen, Calsowstr. 15
20	Reiher, Hermann	Dr., Privatdozent	München 2 NO 5, Widenmayerstr. 50
21	Reißner, Hans	Dr.-Ing., Prof. an der Techn. Hochschule	Berlin-Charlottenburg 9, Mohrungen-Allee 4
22	Rogowski, Walter	Dr.-Ing., o. Prof. an der Techn. Hochschule	Aachen
23	Schering, Harald	Dr. phil., o. Prof. an der Techn. Hochschule	Hannover, Militärstr. 18
24	Seeliger, R.	Dr. phil., o. Prof. an der Universität	Greifswald, Loitzer Str. 43/44
25	Seewald, Friedr.	Dr.-Ing., Abteilungsleiter bei der Deutschen Versuchsanstalt für Luftfahrt	Berlin-Adlershof
26	Sinner, Georg	Dr.-Ing., Hauptschriftleiter der „Hütte"	Berlin NW 87, Bachstr. 9
27	Steinhaus, Wilh.	Dr. phil., Reg.-Rat bei der Physikal.-Techn. Reichsanstalt	Berlin-Charlottenburg 2, Werner-Siemens-Str. 8/12
28	von Steinwehr, H.	Dr., Prof., Ober-Reg.-Rat bei der Physikal.-Techn. Reichsanstalt	Berlin-Charlottenburg 2, Marchstr. 25 b
29	Süring, R.	Dr., Geh. Reg.-Rat, Prof.	Potsdam, Meteorologisches Observatorium
30	Toepler, Maximilian	Dr. phil., o. Prof. an der Techn. Hochschule Dresden	Dresden-A. 24, Reichenbachstr. 31 III
31	Wallot, Julius	Dr. phil., Prof., wissensch. Mitarbeiter der Siemens & Halske A. G.	Berlin-Charlottenburg 9, Königin-Elisabeth-Str. 54
32	Weicker, William	Dr.-Ing., stellv. Direktor der Hermsdorf-Schomburg-Isolatoren G. m. b. H.	Hermsdorf i. Thür.
33	Zastrow, Alfred	Obering. bei der Siemens & Halske A. G.	Berlin-Charlottenburg 1, Tauroggener Str. 8

Geschäftsordnung des AEF.

§ 1. Der Vorsitzende, der stellvertretende Vorsitzende, die beiden Schriftführer und der Kassenführer bilden den Vorstand des Ausschusses.

Der Vorstand hat die Verhandlungen und Sitzungen vorzubereiten und zu leiten, neue Aufgaben in den Arbeitsplan aufzunehmen, die Berichter und die Unterausschüsse einzusetzen, sowie die Beschlüsse des AEF auszuführen.

§ 2. Außerordentliche Mitglieder werden auf den an den Vorsitzenden zu richtenden Vorschlag ordentlicher Mitglieder in der Sitzung oder auf schriftlichem Wege mit einfacher Mehrheit gewählt. Ihr Auftrag erlischt, wenn die gestellte Aufgabe erledigt ist, falls sie nicht inzwischen an anderen Aufgaben als Berichter oder Mitglieder von Unterausschüssen beteiligt werden.

§ 3. Die korrespondierenden Mitglieder erhalten die Schriftstücke des AEF wie die ordentlichen Mitglieder und werden zu den Sitzungen wie diese eingeladen.

§ 4. Die Verhandlungen des AEF sind entweder mündlich oder schriftlich.

Den mündlichen Verhandlungen dienen Sitzungen, welche entweder Voll- oder Teil- oder vorbereitende Sitzungen oder Unterausschußsitzungen sind.

Zu den Vollsitzungen werden alle Mitglieder des AEF eingeladen, zu den Teilsitzungen nur die an den Beratungsgegenständen näher interessierten Mitglieder, zu den vorbereitenden Sitzungen nur die näher zusammenwohnenden Mitglieder. An den Unterausschuß-Sitzungen nehmen nur die Mitglieder eines Unterausschusses teil.

Die Vollsitzungen sind befugt, endgültige Beschlüsse zu fassen. Die übrigen Sitzungen machen nur Vorschläge, die der Gesamtheit des AEF zur Beschlußfassung zu unterbreiten sind.

§ 5. Die Einladungen zu den Voll-, Teil- und vorbereitenden Sitzungen werden vom Vorsitzenden spätestens 14 Tage vorher unter Mitteilung der Tagesordnung erlassen. Die Tagesordnung kann noch bis zum 5. Tage vor der Sitzung ergänzt werden.

An den Abstimmungen nehmen nur die Anwesenden teil.

Abstimmungen über wichtige Punkte sind nach Möglichkeit zu vermeiden; vielmehr ist eine allgemeine Zustimmung anzustreben. Insbesondere darf der geschlossene Widerspruch einer Fachrichtung nicht überstimmt werden. In minder wichtigen Fragen entscheidet einfache Mehrheit.

§ 6. Über jede Sitzung ist ein Bericht zu erstatten, welcher die Namen der Anwesenden, die behandelten Fragen und die Ergebnisse der Beratung mit Begründung enthält. Der Entwurf zu diesem Bericht ist spätestens 8 Tage nach der Sitzung dem Vorsitzenden des Ausschusses vorzulegen. Er gilt als festgestellt, wenn von den Mitgliedern, die an der Sitzung teilgenommen haben, binnen 14 Tagen nach der Zustellung kein Widerspruch erhoben wird.

Für die allgemeinen Sitzungen liegt dem Schriftführer, für die Teilsitzungen dem Einberufenden die Sorge für die Berichterstattung ob.

§ 7. Für jede zu bearbeitende Aufgabe ernennt der Vorstand einen ersten und einen zweiten Berichter, welche einen zur Veröffentlichung geeigneten Vorschlag auszuarbeiten haben. Auf Antrag der beiden Berichter setzt der Vorstand einen Unterausschuß aus mehreren Personen ein, die von den Berichtern vorzuschlagen sind. Dem Unterausschuß können Personen angehören, die keine Mitglieder des AEF sind. Für umfangreichere Aufgaben kann ein Unterausschuß aus mehr als zwei Personen eingesetzt werden.

Der erste Berichter hat die Arbeiten des Unterausschusses zu leiten und beruft seine Sitzungen ein.

§ 8. Der Vorschlag der Berichter oder des Unterausschusses wird den Mitgliedern des AEF zur Begutachtung vorgelegt. Das vom Deutschen Normenausschuß (DNA) entsandte Mitglied des AEF hat hierbei dafür zu sorgen, daß der Vorschlag von vornherein eine Form erhält, die ihn zum Normblatt geeignet macht.

Das Ergebnis der Begutachtung wird von den Berichtern oder dem Unterausschuß unter Beteiligung des vom DNA entsandten Mitgliedes des AEF festgestellt und dem Vorsitzenden des AEF vorgelegt, mit dessen Genehmigung es als Entwurf 1 unter Festsetzung einer Einspruchsfrist in dem Organ des DNA veröffentlicht wird. Der Entwurf 1 wird den am AEF beteiligten Verbänden zugestellt und kann von da ab in beliebigen Fachzeitschriften abgedruckt werden. Die Mitglieder des AEF sind von Änderungen der Vorlage zu benachrichtigen.

Mit dem Entwurf sollen Erläuterungen und Begründungen verbunden werden; diese werden unter den Namen der daran Beteiligten veröffentlicht.

§ 9. Die Einsprüche sind an den DNA zu richten, der sie sammelt, vorläufig beantwortet und nach Ablauf der Einspruchsfrist dem Vorsitzenden des AEF zustellt. Dieser überweist sie dem ersten Berichter.

Die beiden Berichter, gegebenenfalls der Unterausschuß, haben die Einwände sachgemäß zu verarbeiten. Alle Einwände sind zu beantworten; an den DNA sind Durchschläge der Antworten zu senden.

Nach Erledigung dieser Arbeit wird der ganze Beratungsstoff mit dem umgearbeiteten Entwurf 1 dem Vorsitzenden des AEF, der umgearbeitete Entwurf 1 auch den übrigen Vorstandsmitgliedern vorgelegt, mit deren vom Vorsitzenden auszusprechenden Genehmigung das Ergebnis als Entwurf 2, ebenso wie bei Entwurf 1 angegeben, veröffentlicht wird.

Die weitere Behandlung des Entwurfs 2 ist die gleiche wie die des Entwurfs 1; es können daraus noch weitere Entwürfe hervorgehen, die in derselben Weise behandelt werden, wenn immer neue und beachtenswerte Einwände erhoben werden.

§ 10. Werden solche Einwände nicht mehr erhoben, so wird der letzte Entwurf als Vorstandsvorlage veröffentlicht und den Mitgliedern des Vorstandes des AEF und des DNA zur letzten Überprüfung und Genehmigung vorgelegt. Bei geringen Änderungen des letzten Entwurfs kann die nochmalige Veröffentlichung durch Angabe der vorgenommenen Änderungen ersetzt werden. Nach Eingang der Genehmigungen, die an den DNA zu richten und von diesem gesammelt dem Vorsitzenden des AEF vorzulegen sind, wird das endgültige Normblatt in der Form und Fassung der Vorstandsvorlage gedruckt und bezugsfertig gemacht. Die Druckerlaubnis erteilt der Vorsitzende des AEF.

§ 11. Wenn von mindestens zehn ordentlichen Mitgliedern beantragt wird, eine Aufgabe durch mündliche Besprechung zu klären, so muß dem stattgegeben werden; geht der Antrag nur von einer geringeren Zahl Mitglieder aus, so entscheidet der Vorsitzende, ob ihm stattzugeben sei. Der Antrag ist sachlich zu begründen. Ob die mündliche Besprechung eine Voll-, eine Teil- oder eine vorbereitende Sitzung sein soll, entscheidet der Vorsitzende.

§ 12. Das Geschäftsjahr des Ausschusses ist das Kalenderjahr.

§ 13. Anträge auf Bewilligung von Kosten sind an den Vorsitzenden zu richten. Reisekosten sind nur solchen Mitgliedern zu bewilligen, deren Anwesenheit bei Beratungen oder Besprechungen unbedingt erforderlich ist, weil sie an der Bearbeitung von Aufgaben beteiligt sind oder weil ihr sachverständiges Urteil eingeholt werden muß.

Die Mitglieder, denen Reisekosten bewilligt sind, haben Anspruch auf Ersatz der Fahrtkosten 2. Klasse mit Schnellzugzuschlag und auf ein Tagegeld von 12 Mark und ein Übernachtgeld von 8 Mark. Anzurechnen sind bei n Sitzungstagen $n+1$ Übernachtgelder und $n+2$ Tagegelder.

Soweit es zur Beschleunigung der Arbeiten erforderlich ist, kann der Vorsitzende den ersten Berichtern bestimmte Beträge für die Herstellung von Abschriften und Versendung von Schriften im voraus zur Verfügung stellen.

§ 14. Der stellvertretende Vorsitzende tritt für den Vorsitzenden in Fällen der Verhinderung ein.

Der Vorsitzende kann bestimmte seiner Geschäfte zur regelmäßigen Erledigung an den stellvertretenden Vorsitzenden abgeben.

Dies muß durch eine schriftliche Erklärung zu den Akten geschehen.

Zeichen.

Formelzeichen.

Angen.: Juli 1912, Februar 1914, 13. Februar 1926.
Bearb.: K. Strecker, Fr. Auerbach†, F. F. Martens, F. Neesen†, G. Rößler†,
K. Scheel, G. Scheibe, M. Seyffert†, E. C. Zehme.
Veröff.: ETZ 1902, S. 508; 1904, S. 264, 702, 825; 1909, S. 861; 1911, S. 480;
1912, S. 466, 963; 1914, S. 281, 688, 1021; 1916, S. 174; 1920, S. 422;
1923, S. 114; 1925, S. 1894; 1927, S. 257.
DIN 1304.

Die aufgeführten Benennungen der Größen sind keine Vorschrift, sondern dienen im wesentlichen der Erläuterung der Formelzeichen. Die bei einigen Größen in Klammern zugefügten Beziehungen dienen ebenfalls nur zur Erläuterung. Die Angaben der Liste sind grundsätzlich frei von Bestimmungen über die gewählten Einheiten.

Länge, Fläche, Raum, Winkel.

l Länge
r Halbmesser
d Durchmesser
λ Wellenlänge
h Höhe
s Weglänge
ε Relative Dehnung ($\Delta l/l$)
μ Verhältnis der Querkürzung zur Längsdehnung (Poissonsche Zahl)

F Fläche (Querschnitt, Oberfläche)
$\left.\begin{array}{l}\alpha\\\beta\\\gamma\end{array}\right\}$ Winkel
φ Voreilwinkel, Phasenverschiebung
γ Schiebung (Gleitung)
ω Raumwinkel
V Rauminhalt, Volumen

Masse.

m Masse
v Räumigkeit (spezifisches Volumen, V/m)
J Trägheitsmoment $\left(\int r^2\,ds,\ \int r^2\,dF\ \text{oder}\ \int r^2\,dm\right)$
C Zentrifugalmoment $\left(\int xy\,dm\right)$
A Atomgewicht

M Molekulargewicht
n Wertigkeit
N Allgemeine Loschmidtsche Konstante (Avogadrosche Konstante)
c Konzentration
v Verdünnung

Zeit.

t Zeit (Zeitpunkt oder Zeitdauer)
T Periodendauer
n Umlaufzahl, Drehzahl (Zahl der Umdrehungen in der Zeiteinheit)
n Schwingungszahl (in der Zeiteinheit)

f Frequenz (bei Wechselgrößen)
ω Kreisfrequenz ($2\pi f$)
v Geschwindigkeit
g Fallbeschleunigung
ω Winkelgeschwindigkeit

Kraft und Druck.

P Kraft
M Moment einer Kraft (Kraft × Hebelarm)
D Richtvermögen (P/s oder M/α)
p Druck (Kraft durch Fläche)
b Barometerstand
σ Zug- oder Druckspannung (Normalspannung)

τ Schubspannung, Scherspannung
E Elastizitätsmodul
G Schubmodul
μ Reibungszahl
η Zähigkeit (gewöhnliche)

Temperatur.

t Temperatur, vom Eispunkt aus
ϑ ,,   beim Zusammentreffen mit Zeit
T ,,   absolute

α Längsausdehnungszahl [$(dl/dt):l_0$]
γ Raumausdehnungszahl [$(dV/dt):V_0$]

Formelzeichen.

Wärmemenge, Arbeit, Energie.

Q Wärmemenge
A Arbeit
W Energie
l Latente Wärme
q Reaktionswärme
r Verdampfungswärme
H Heizwert (W/m oder W/V)
J Arbeitswert der Kalorie

c Spezifische Wärme
c_p Spezifische Wärme bei konstantem Druck
c_v Spezifische Wärme bei konstantem Volumen
$\varkappa$ Verhältnis der spezifischen Wärmen (c_p/c_v)
S Entropie
N Leistung (A/t)
R Gaskonstante
η Wirkungsgrad

Elektrizität und Magnetismus.

Q Elektrizitätsmenge
e Elementarladung
F Äquivalentladung
$\mathfrak{E}$ Elektrische Feldstärke
U Elektrische Spannung
E Elektromotorische Kraft
I Elektrische Stromstärke
R Elektrischer Widerstand
ϱ Spezifischer elektrischer Widerstand
G Elektrischer Leitwert ($1/R$)
$\varkappa$ Elektrische Leitfähigkeit ($1/\varrho$)
α Dissoziationsgrad
$\mathfrak{D}$ Verschiebung
ε Elektrisierungszahl
C Elektrische Kapazität

$\mathfrak{H}$ Magnetische Feldstärke
V Magnetische Spannung
z Leiterzahl
w Windungszahl
$\mathfrak{B}$ Magnetische Induktion
μ Permeabilität ($\mathfrak{B}/\mathfrak{H}$)
Φ Magnetischer Induktionsfluß
$\mathfrak{J}$ Magnetisierungsstärke ($\mathfrak{B}-\mu_0\mathfrak{H}$)
$\varkappa$ Magnetische Aufnahmefähigkeit (Suszeptibilität) ($\mathfrak{J}/\mathfrak{H}$)
L Induktivität (Koeffizient der Selbstinduktion)
M Gegeninduktivität (Gegenseitiger Induktionskoeffizient)
$\mathfrak{S}$ Poyntingscher Vektor (Strahlungsdichte)

Licht.

c Lichtgeschwindigkeit
n Brechungszahl eines Stoffes gegen Luft
f Brennweite
Φ Lichtstrom ($I\omega$)

E Beleuchtungsstärke (einer beleuchteten Fläche, Φ/F)
B Leuchtdichte (einer leuchtenden Fläche, I/F)
I Lichtstärke (Φ/ω)

Deutsche (Fraktur=)Buchstaben werden als Formelzeichen nur für Größen verwendet, die Vektoreigenschaft besitzen können. Soll die Vektoreigenschaft einer Größe hervorgehoben werden, so wählt man den Frakturbuchstaben oder überstreicht das Formelzeichen, z. B. $\bar{\omega}$. Der Betrag eines Vektors kann durch das Formelzeichen in Kursivschrift oder griechischer Schrift oder das von senkrechten Strichen eingeschlossene Vektorzeichen dargestellt werden. Vgl. Satz 10, Vektorzeichen.

Erläuterungen.

In allen Zweigen der Wissenschaft hat sich immer wiederkehrend das Bedürfnis nach einer einheitlichen Bezeichnung der benutzten Größen gezeigt. Abgesehen von Verhandlungen auf internationalen Kongressen haben in Deutschland verschiedene Vereine eine Lösung dieser Frage gesucht. Der Verband Deutscher Architekten- und Ingenieur-Vereine hat in den Jahren 1872 bis 1882 in seinen Kreisen Material gesammelt, ist aber nur zu einer Vorschlagsliste gekommen, ohne endgültig zu ihr Stellung zu nehmen. Die Deutsche Physikalische Gesellschaft stellte im Jahre 1903 eine Liste auf. Ihr folgte die Deutsche Bunsengesellschaft in demselben Jahre.

Während diese Listen in dem Sinne einseitig entstanden waren, als nur die den betreffenden Vereinen Nahestehenden an ihrer Aufstellung mitgewirkt hatten, stellte sich der Ausschuß des Elektrotechnischen Vereins, als er im Jahre 1901 einen „Unterausschuß für einheitliche Bezeichnungen" einsetzte, auf einen allgemeineren Standpunkt, indem er die verschiedenen Zweige der Wissenschaft zu gemeinschaftlicher Arbeit aufforderte. Er wandte sich an die drei oben genannten Vereine bzw. Verbände, den Verein Deutscher Ingenieure, den Verein Deutscher Maschineningenieure, an die zum Verbande Deutscher Elektrotechniker gehörigen Vereine, den Österreichischen Ingenieur- und Architektenverein und einige andere ausländische Vereine.

Von den eingegangenen Vorschlägen wurden zunächst nur die Formelzeichen ausgewählt, für die sich eine überwiegende Mehrheit ausgesprochen hatte. Der AEF übernahm diese Liste bei seiner Gründung im Jahre 1907; sie bildete seinen ersten Vorschlag von 32 Formelzeichen, der 1909 veröffentlicht wurde.

Es ergaben sich schon hierbei, wie noch mehr bei den späteren Arbeiten, gewisse Schwierigkeiten, über die sich folgendes sagen läßt:

Da die Zahl der mit Formelzeichen zu versehenden Begriffe sehr groß, jedenfalls weit größer als die Zahl der zur Verfügung stehenden Formelzeichen ist, läßt sich nicht vermeiden, daß derselbe Buchstabe für mehrere Begriffe benutzt wird. Es ist dann notwendig, die Wahl so zu treffen, daß die mit demselben Buchstaben bezeichneten Größen möglichst selten in derselben Formel zusammentreffen; in geeigneten Fällen kann im voraus bestimmt werden, wie man sich helfen soll, damit durch die Freiheit des Mittels nicht ungewollte Unstimmigkeiten entstehen. So dient z. B. der Buchstabe J zur Bezeichnung des Trägheitsmoments und des Arbeitswertes der Kalorie, die vermutlich niemals in einer Formel zusammentreffen werden. Dagegen werden Zeit und Temperatur, beide durch t bezeichnet, oft zusammentreffen; der AEF hat in einem besonderen Satz für diesen Fall vorgeschlagen, t die Bedeutung der Zeit zu lassen und die Temperatur durch ϑ darzustellen. In anderen Fällen muß man es dem Benutzer der Formelzeichen überlassen, sich zu helfen, da man nicht für alle Fälle des Zusammentreffens Regeln festsetzen kann.

Die zweite Liste der Formelzeichen (25 Zeichen, vorgeschlagen 1912), mußte etwas weiter gehen und für jede der hinzukommenden Größen aus einer gewissen Mannigfaltigkeit von Vorschlägen den geeignetsten auswählen. Es hätte nahegelegen, für diese Wahl eine Art System aufzustellen; allein, da bei der ursprünglichen Wahl der Zeichen vollkommene Systemlosigkeit und Willkür geherrscht hatte, war nun an ein System nicht mehr zu denken. Es wurden nur einige Regeln nach Möglichkeit beobachtet, z. B. die Eigenschaften der Stoffe durch kleine griechische Buchstaben darzustellen, eine Regel, die in vielen Fällen angewandt, aber nicht streng durchgeführt werden konnte. Im übrigen wurde hauptsächlich nach mnemotechnischem Grundsatze verfahren und das Formelzeichen nach dem Anfangsbuchstaben des deutschen, manchmal auch des lateinischen Namens der Größe gewählt.

Eine besondere Bemerkung verdient die Wahl der Zeichen E, I und R für elektromotorische Kraft, elektrische Stromstärke und elektrischen Widerstand. Hier wünschten die Elektrotechniker, die internationale Einheitlichkeit der Maßeinheiten auch in den Formelzeichen herzustellen; es gelang, die einheitlichen Zeichen auch bei der Internationalen Elektrotechnischen Kommission (IEC) durchzusetzen, so daß sie in allen Ländern der Erde gleichmäßig benutzt werden.

Es ist noch besonders darauf hinzuweisen, daß I und J auch im Deutschen verschiedene Buchstaben sind, obgleich sie als große Buchstaben der Frakturschrift dieselbe Form haben und in unzähligen Fällen als gleich behandelt werden. Bei unserer Armut an verfügbaren Buchstaben ist es nötig, schon aus diesem Grunde die Verschiedenheit von I und J zu beachten.

Die Zahl der in den beiden ersten Listen festgesetzten Zeichen ist $32 + 25 = 57$. Eine dritte, im Januar 1914 aufgestellte Liste brachte noch 10 Formelzeichen; sie ist erst wesentlich später angenommen worden. Bei dieser Liste wurde besondere Rücksicht auf die von der IEC gewählten Formelzeichen genommen, um soweit wie angängig dieselben Formelzeichen zu benutzen wie andere Länder.

Die bis dahin aufgestellten 67 Formelzeichen wurden 1925 als ein Normblatt des Normenausschusses der Deutschen Industrie (DIN 1304) zusammengestellt. Inzwischen war abermals eine Erweiterung der Liste vorbereitet worden; die vervollständigte Liste wurde im Juli 1926 als DIN 1304, zweite Ausgabe, veröffentlicht. Sie enthält nun 100 Formelzeichen, ohne damit abgeschlossen zu sein.

Diese Liste ist auf den S. 12 und 13 abgedruckt.

Einheitszeichen.

Angen.: 24. Februar 1914, 13. Februar 1926.
Bearb.: K. Strecker, K. Scheel.
Veröff.: ETZ 1910, S. 622; 1911, S. 504; 1913, S. 308; 1914, S. 687, 688, 1021; 1916, S. 174; 1922, S. 404; 1927, S. 481.
DIN 1301.

m	Meter
km	Kilometer
dm	Dezimeter
cm	Zentimeter
mm	Millimeter
μ	Mikron
a	Ar
ha	Hektar
m^2	Quadratmeter
km^2	Quadratkilometer
dm^2	Quadratdezimeter
cm^2	Quadratzentimeter
mm^2	Quadratmillimeter
l	Liter
hl	Hektoliter
dl	Deziliter
cl	Zentiliter
ml	Milliliter
m^3	Kubikmeter
dm^3	Kubikdezimeter
cm^3	Kubikzentimeter
mm^3	Kubikmillimeter
t	Tonne
g	Gramm
kg	Kilogramm
dg	Dezigramm
cg	Zentigramm
mg	Milligramm

h	Stunde
m	Minute
min	Minute (alleinstehend)
s	Sekunde

Uhrzeit: Zeichen h, m, s erhöht
Beispiel: $2^h 25^m 3^s$

U	Umdrehung
°	Celsiusgrad
cal	Kalorie (Grammkalorie)
kcal	Kilokalorie
A	Ampere
V	Volt
Ω	Ohm
S	Siemens
C	Coulomb
J	Joule
W	Watt
F	Farad
H	Henry
mA	Milliampere
kW	Kilowatt
MW	Megawatt
μF	Mikrofarad
MΩ	Megohm
kVA	Kilovoltampere
Ah	Amperestunde
kWh	Kilowattstunde

Einheitszeichen.

Vorsätze zur Bezeichnung von Vielfachen und Teilen der Einheiten.

G	Giga-	$=10^9$	$=1\,000\,000\,000$	d	Dezi-	$=10^{-1}=0{,}1$
M	Mega-	$=10^6$	$=1\,000\,000$	c	Zenti-	$=10^{-2}=0{,}01$
k	Kilo-	$=10^3$	$=1\,000$	m	Milli-	$=10^{-3}=0{,}001$
h	Hekto-	$=10^2$	$=100$	μ	Mikro-	$=10^{-6}=0{,}000\,001$
D	Deka-	$=10^1$	$=10$	n	Nano-	$=10^{-9}=0{,}000\,000\,001$

Außer den oben aufgeführten Einheitszeichen für Flächen und Räume, deren Anwendung der AEF empfiehlt, weil sie international verständlich sind und von der Wissenschaft bevorzugt werden, sind in Deutschland folgende Zeichen gesetzlich zulässig:

qm	Quadratmeter	qcm	Quadratzentimeter	cdm	Kubikdezimeter
qkm	Quadratkilometer	qmm	Quadratmillimeter	ccm	Kubikzentimeter
qdm	Quadratdezimeter	cbm	Kubikmeter	cmm	Kubikmillimeter

Erläuterungen.

Die Einheitsbezeichnungen haben sich im Laufe der Zeit und im allgemeinen regellos gebildet; auch wenn einmal eine Regel befolgt wurde, stellte man bei einer anderen Gelegenheit wieder eine andere auf. Es schien nicht möglich, in diese Mannigfaltigkeit eine bestimmte und völlig klare Ordnung zu bringen; denn es sollte dabei auch an dem Bestehenden nicht wesentlich geändert werden.

Um für die zu machenden Vorschläge eine gewisse Ordnung zu schaffen und für die Zukunft eine Richtung vorzuzeichnen, wurden einige Leitsätze für die Wahl von Einheitsbezeichnungen aufgestellt und den Vorschlägen selbst vorangeschickt (1910):

Leitsätze für die Wahl von Einheitsbezeichnungen.

1. Einheitsbezeichnungen werden ausschließlich durch gerade lateinische Buchstaben dargestellt. Punkte sind als Zeichen der Abkürzung nicht beizusetzen.

2. Die Einheitsbezeichnungen werden hauptsächlich in Verbindung mit Zahlenwerten benutzt. In Formeln aus Buchstaben empfiehlt es sich, die Einheitsbezeichnung unverkürzt zu schreiben.

3. Einheitsbezeichnungen sind entweder Einheitszeichen oder Abkürzungen. Die Zeichen unterscheiden sich in einfache und zusammengesetzte Zeichen. Ein einfaches Zeichen besteht aus einem einzigen Buchstaben. Ein zusammengesetztes Zeichen besteht aus mehreren einfachen Zeichen. Eine Abkürzung benutzt für eine Einheitsbezeichnung mehrere Buchstaben. Zusammensetzungen aus Zeichen und Abkürzungen werden gleichfalls gebildet.

4. Zusammengesetzte Einheitsbezeichnungen sollen so gebildet werden, daß die Ableitung der neugebildeten Einheit aus den ursprünglichen vollständig zu erkennen ist.

5. Die Vielfachen und Teile von Einheiten werden aus letzteren durch Vorsetzen geeigneter Buchstaben abgeleitet; sie sind am Fuße der Liste der Einheitszeichen zusammengestellt[1].

6. Ein folgerichtiges System von Einheitsbezeichnungen kann sich nur auf Einheitszeichen aufbauen. Abkürzungen sind dazu nicht geeignet.

7. Es ist danach zu streben, die vorhandenen Abkürzungen nach und nach durch Zeichen zu ersetzen.

8. Die Einheitsbezeichnungen sollen nach Möglichkeit so gewählt werden, daß sie international gebraucht werden können.

Von diesen Leitsätzen haben Nr. 1—5 und 8 noch jetzt volle Gültigkeit. Nr. 6 und 7 werden sich schwerlich verwirklichen lassen. Denn es werden noch manche wichtige Einheitsbezeichnungen als Abkürzungen geschrieben, wie z. B. PS für Pferdestärke, Atm und at für Atmosphäre, cal für Kalorie, Lm für Lumen.

Es ist nicht unnötig, darauf hinzuweisen, daß internationale Gleichmäßigkeit (Leitsatz 8) hier nur für die Einheitszeichen verlangt wird; sie wird ebenso für die Einheitsnamen geltend zu machen sein, bezieht sich aber nicht auf Fachausdrücke im allgemeinen.

Internationale Einheitlichkeit der Einheitsnamen und Einheitszeichen ist sehr wichtig und wird täglich wichtiger; denn die Einheitsnamen und Einheitszeichen sind ein Bestandteil des internationalen Verkehrs, des Gedanken- und Güteraustauschs. Die aus den Landessprachen entnommenen Einheitsnamen haben sich wenig bewährt; es sei nur an die Längeneinheit Fuß erinnert, die vor 1870 in Deutschland in Größen von 25—32 cm in Gebrauch war und noch jetzt als Englischer Fuß ($= 30{,}5$ cm), als Pariser Fuß ($= 32{,}5$ cm), als Schweizer Fuß ($= 33{,}3$ cm) benutzt wird. Erst die Einführung des Meters und des Kilogramms hat hier die erwünschte Einheitlichkeit gebracht, und es wird wohl von niemand bezweifelt, daß die Schaffung dieser Übereinstimmung zu den wichtigsten Fortschritten zugunsten des internationalen Gedanken- und Güteraustausches gehört. Auf diesem Wege ist die Elektrotechnik weitergegangen; sie hat ihre Einheiten nach Größe und Namen international festgelegt; was ein Ampere, ein Volt, ein Ohm ist, weiß man in allen Kulturländern, und dazu gehört neben der einheitlichen Festsetzung für die Größe der Einheit auch der einheitliche Name. Fehlt dieser, so gibt es leicht Unterschiede in den Werten von Einheiten, die der Absicht nach übereinstimmen sollten; z. B. gebrauchte man in England lange das Ohm der British Association, die B. A. U. (British Association Unit), welches gleich 0,9866 (internationalen) Ohm war; man gebraucht als dem Sinne nach gleich Pferdestärke PS und Horsepower HP, von denen das erste gleich 735, das zweite gleich 746 Watt ist.

Da die Wissenschaft schon in hohem Grade international ist und es täglich mehr wird, ist es eine natürliche Forderung, daß Zahlenangaben in einer international leicht verständlichen Weise gemacht werden. Liest man einen englischen Aufsatz, in welchem mechanische Spannungen nach Pfund auf Quadratzoll ausgedrückt werden, so ist man in der unbequemen Lage, diese Zahl umrechnen zu müssen. In dem angeführten Beispiel ist das noch leicht; aber es kommen häufig schwierigere und umständlichere Rechnungen dieser Art vor. Da es nun praktisch, für die Anschauung, für den Gebrauch der Ergebnisse, auf die Zahlenangaben ankommt, so sollte man jede Erschwerung ihres Verständnisses vermeiden. Dazu gehört, daß die Einheiten verschiedener Länder für dieselbe Größe gleich sind, und dies findet den klarsten und besten Ausdruck im gleichen Namen.

---

[1] Von den Vorsatzzeichen sollte das M ($= 10^6$) der große griechische Buchstabe sein, entsprechend dem kleinen μ ($= 10^{-6}$); an dieser Bestimmung ist nicht festgehalten worden. Der doppelte Gebrauch des μ, einmal für 10^{-6} (Mikro-) und dann für 10^{-6} m oder 10^{-3} mm (= 1 Mikron) hat bisher noch niemals Schwierigkeiten verursacht, so wenig wie der Gebrauch des m für Meter und 10^{-3} (Milli-). Die erst kürzlich angenommenen Vorsatzzeichen G und n sind abgeleitet: G von Gigas, der Riese, vgl. das deutsche Fremdwort Gigant, und n von Nanos, Zwerg.

Den Leitsätzen (Abschnitt A) folgte beim ersten Entwurf ein Abschnitt B, der sich mit der Aufstellung von Einheitsnamen und Einheitszeichen befaßt. Während der Abschnitt A sogleich allgemeinen Beifall fand, ergab sich beim Abschnitt B Widerspruch, nicht gegen alle, aber gegen mehrere Vorschläge, ein Widerspruch, der auch bis jetzt noch nicht völlig gelöst ist. Auf S. 14 ist daher nicht der erste Entwurf des Abschnittes B wiedergegeben, sondern nur der Teil von ihm, der die Billigung des AEF gefunden hat und im Verlaufe der weiteren Behandlung endgültig festgesetzt worden ist.

Zu dieser Zusammenstellung ist zu bemerken:

Längen-, Flächen-, Raum- und Gewichtseinheiten. Der Deutsche Bundesrat hat vorgeschrieben (Zentralblatt für das Deutsche Reich, 1877, Bd. 5, S. 565): km, m, cm, mm; t, kg, g, mg; ha, a; hl, l. Vom Comité international des poids et mesures (Proc. Verb. 1879, S. 41) sind eingeführt worden: dm, $\mu = 0{,}001$ mm, dm^2, dm^3, dl, cl, ml, $\lambda = 0{,}001$ l, dg, cg, $\gamma = 0{,}001$ mg. Diese Zeichen stehen im internationalen Gebrauch der Wissenschaft. Nicht zu benutzen ist das vom Bundesrat vorgeschriebene dz (Doppelzentner), weil diese Bezeichnung niemals auf internationale Annahme rechnen kann. Der Deutsche Bundesrat schrieb ursprünglich vor: qkm, qm, qcm, qmm, cbm, ccm, cmm. Durch späteres Gesetz (RGBl. 1893, Nr. 15, S. 151—152) ist die Bezeichnung von Flächen oder Räumen durch die Quadrate oder Würfel des Zentimeters und des Millimeters als zulässig bezeichnet, also cm^2, mm^2, cm^3, mm^3. Diese letztere Bezeichnungsart ist im internationalen Interesse vorzuziehen. Nicht im Gebrauch sind die vom Com. intern. vorgeschlagenen Einheitszeichen s (Stère) $= 1$ m^3 und q (Quintal) $= 100$ kg. Zulässig ist die Bildung m$\mu = 10^{-6}$ mm (bei Wellenlängenangaben, an Stelle des unlogisch gebildeten $\mu\mu$ oder des falsch gebildeten μ^2; $\mu\mu$ würde nach gegenwärtigem Vorschlage gleich 10^{-9} mm sein).

Zeiteinheiten. Es ist zu unterscheiden zwischen der Angabe von Zeitpunkten (Uhrzeiten) und der von Zeiträumen; bei letzteren sollen die Einheitszeichen auf der Zeile, bei Zeitpunkten sollen sie erhöht stehen. Als Zeichen für Stunde ist h, als Zeichen für Sekunde s zu nehmen. Für Minute läßt sich m nicht allgemein anwenden; es ist aber zweckmäßig, einfaches m da zuzulassen, wo kein Zweifel möglich ist, also bei Angaben, wo gleichzeitig mit den Minuten noch Stunden oder Sekunden angegeben werden, wie $3^h\,20^m$ oder 5 m 20 s. Im übrigen ist es erwünscht, als die alleinstehende Abkürzung für Minute das allgemein gebräuchliche min zu wählen.

Die Schreibweise sek empfiehlt sich nicht; sie ist nicht international zu gebrauchen. Auch dürfte es zu weit gehen, in solchen Fällen sich auf die deutsche Rechtschreibung zu berufen; wir schreiben ja auch Zentimeter und gebrauchen doch als Zeichen cm. Es scheint ausreichend zu sein, als Zeichen für Sekunde s zu wählen.

Die Zeichen für Bogenminute und -sekunde auch für die Zeit anzuwenden, wäre nicht zweckmäßig; Verwechslungen und Zweifel würden nicht ausbleiben. Die Bogenminute z. B. ist der 21600. Teil des Kreises, die Zeitminute der 1440. Teil des Tages. Die Zahlen für Zeit ohne Einheitszeichen nebeneinander zu schreiben wie in Fahrplänen, ist da unbedenklich, wo nur von Zeitangaben die Rede ist. Aber um diesen Fall handelt es sich nicht; vielmehr soll jede vollständige Angabe einer Größe stets auch die Angabe der Einheit, in der sie ausgedrückt wird, enthalten.

Wärmeeinheiten. In der Technik wird häufig die „Wärmeeinheit" gebraucht, welche ihrer Größe nach nichts anderes ist als die Kalorie (Ton auf dem i). Der AEF schlägt vor, diesen Gebrauch fallen zu lassen und zwar aus folgenden Gründen:

a) Wärmeeinheit ist kein Name, sondern ein Gattungsbegriff; es gibt mehrere Wärmeeinheiten, und man darf daher nicht eine von ihnen als „die" Wärmeeinheit bezeichnen.

Chwolson z. B. (Lehrbuch der Physik, 1905, Bd. 3) weist drei Wärmeeinheiten nach: die mechanische, das Erg; die elektrische, das Joule[1]; die praktische, die Kalorie. Die Technik rechnet allerdings meistens mit einer einzigen; die Aufgabe des AEF ist es aber, nicht nur für die Technik, sondern für die ganze Wissenschaft zu sorgen, und diese benutzt tatsächlich mehrere verschiedene Wärmeeinheiten.

b) Nach unserem Leitsatz 8 sollen die Einheitsbezeichnungen so gewählt werden, daß sie international gebraucht werden können. Kalorie ist im Deutschen üblich und wird im Französischen und Englischen gebraucht. Es ist von einem lateinischen Wort abgeleitet und läßt sich in allen Sprachen leicht aussprechen. „Wärmeeinheit" dagegen ist international nicht zu gebrauchen, weil es von den meisten Ausländern nicht ausgesprochen werden kann.

Vor kurzem ist die Kilokalorie (kcal) in Deutschland zur gesetzlichen Einheit gewählt worden.

Elektrische Einheiten. Für die elektrischen Einheiten werden schon seit langem große lateinische Buchstaben verwendet; der AEF hat diesen Gebrauch, um Einheitlichkeit zu erzielen, allgemein vorgeschlagen.

Die nach Nr. 5 folgerichtig gebildeten Zusammensetzungen, bei denen einem großen lateinischen Buchstaben ein kleiner vorgesetzt ist, z. B. kW = Kilowatt, haben zunächst teilweise befremdend gewirkt; doch hat man sich daran gewöhnt, sie sind allgemein in Gebrauch.

Es mag auffallen, daß, abweichend von dem Leitsatz Nr. 1, als Zeichen für Ohm ein großer griechischer Buchstabe verwandt wird. Der Anfangsbuchstabe des Namens Ohm wird jedoch zu leicht mit der Null verwechselt, so daß er als Einheitszeichen unbrauchbar ist; dagegen bietet sich Omega, das an Ohm anklingt, von selbst dar und ist schon vor dem Vorschlag des AEF als Zeichen für Ohm verwandt worden. Neuerdings ist es auch international von der IEC festgesetzt worden. Ampere ist nach dem deutschen Gesetz für die elektrischen Maßeinheiten vom 1. 6. 1898 nicht mit è zu schreiben.

Kraft und Masse. Die in der oben gegebenen Zusammenstellung enthaltenen Einheiten und Zeichen sind, wie schon bemerkt, endgültig angenommen. Ein anderer Teil des Gesamtvorschlags mußte zurückgestellt werden, weil er keine allgemeine Zustimmung fand, sondern scharfem Widerspruch begegnete; er harrt noch jetzt der Erledigung.

Bei diesem Teil handelt es sich um Einheiten für Kraftgrößen, zugleich um das technische Maßsystem, das auf Kraft, Länge und Zeit aufgebaut ist und daher in gewissen Gebieten mit dem absoluten Maßsystem, dessen Grundgrößen Masse, Länge und Zeit sind, nicht übereinstimmt.

Die in Betracht kommenden Größen sind: Kraft, Arbeit, Leistung, Spannung. In der Elektrotechnik benutzt man allgemein das absolute Maßsystem und das aus ihm hergeleitete praktische System; daher sind elektrische Arbeit (Einheit Joule und Wattstunde) und elektrische Leistung (Einheit Watt) ohne Widerspruch festgesetzt worden und finden sich in der obigen Zusammenstellung. Für die Mechanik dagegen ergaben sich große Schwierigkeiten.

Der Ausgangspunkt dieser Schwierigkeiten lag in dem Umstand, daß das Kilogramm im Bereiche des absoluten Maßsystems Masse, im Bereich des technischen Maßsystems dagegen Kraft bedeutet. Dazu kommt, daß das Wort Gewicht im wissenschaftlichen Sinne als eine Kraft aufgefaßt wird, während der Gebrauch des täglichen Lebens es als Maß für eine Stoffmenge (d. i. Masse) ansieht. Da man weder eines der beiden Maßsysteme, noch die verschiedenartige Bedeutung des Kilogramms aufgeben kann, ist es nötig, um beides nebeneinander benutzen zu können[2], das Kilogrammzeichen, je nachdem es Kraft oder Masse bedeutet, mit einem Kennzeichen zu versehen. Als ein solches Zeichen ist schon vor längerer Zeit ein Stern vorgeschlagen worden, der dem Zeichen kg in Exponentenstellung: kg* beigesetzt werden sollte, um Kilogramm-Kraft zu bezeichnen. Man könnte dann

---

[1] Der Name Joule ist französisch auszusprechen, die erste Silbe wie in Journal.

[2] Das neue französische Gesetz über die Maßeinheiten (1919) unterscheidet kilogramme-force und kilogramme-poids; vgl. ETZ 1920, Heft 49.

als Kennzeichen der Masse etwa ein Kreuz verwenden. Gegen diese Zeichen ist eingewendet worden, daß sie sich nicht genügend voneinander unterscheiden und daß sie auf der Schreibmaschine im allgemeinen nicht vorhanden sind. Nach einem passenden Ersatz wird noch gesucht.

Ein anderer Weg wurde darin gesehen, daß man für die Krafteinheit einen neuen Namen schuf; so wurde vorgeschlagen[1]: 10^8 dyn = 1 Vis; die Schwere eines Grammes unter 45^0 Breite = 1 Bar; daraus ergab sich die Einheit der Arbeit: 1 Vismeter bzw. 1 Barmeter. Diese Vorschläge fanden keine Billigung, auch ist das Bar in der Meteorologie schon als Einheit anderer Bedeutung im Gebrauch. Nur die Druckeinheit Atmosphäre hat sich aus jenen Vorschlägen noch erhalten: die physikalische Atmosphäre 1 Atm = 76 cm Hg von 0^0 und die technische Atmosphäre 1 at = 1 kg/cm².

Lichteinheiten. Der Vorschlag des AEF enthielt ursprünglich auch die Einheiten für die Lichtgrößen; sie hatten die von der Deutschen Beleuchtungstechnischen Gesellschaft aufgestellte Form. Über sie wurde jedoch zunächst kein Beschluß gefaßt.

Mathematische Zeichen.

Angen.: Oktober 1922, 13. Februar 1926.
Bearb.: R. Rothe, F. Eichberg, F. Emde, G. Hamel, K. Scheel, M. Seyffert†.
Veröff.: ETZ 1911, S. 721; 1912, S. 466; 1920, S. 422; 1922, S. 772; 1923, S. 115, 554.
DIN 1302.

Zeichen	Schreib- und Sprechweise	Erläuterung
1. 1)	erstens	
( )		Benummerung von Formeln
$^0/_0$, vH	Hundertstel, vom Hundert, Prozent	Die Zeichen vH und vT ohne Punkte
$^0/_{00}$, vT	Tausendstel, vom Tausend, Promille	
/	in 1, für 1, auf 1, pro	
...	bis	Drei Punkte auf der Zeile. Z. B. 12 ... 25 bedeutet 12 bis 25. Die Grenzen gelten als eingeschlossen; soll die obere oder untere Grenze ausgeschlossen sein, so ist dies besonders anzugeben.
...	usw. unbegrenzt	wenn rechts von ... die Zahl fehlt. Beispiel: $1/2 + 1/4 + 1/8 + \ldots = 1$.
( ) [ ] { }	Klammer	
, ·	Komma; Punkt	Dezimalzeichen; Komma unten oder Punkt oben. Zur Gruppenabteilung bei größeren Zahlen sind weder Komma noch Punkt, sondern Zwischenräume zu verwenden.
+	plus, mehr, und	
−	minus, weniger	
· ×	mal, multipliziert mit	Der Punkt steht auf halber Zeilenhöhe. Das Multiplikationszeichen darf weggelassen werden.
: / —	geteilt durch	In Formeln ist im allgemeinen für die Division der wagrechte Strich zu benutzen; die Zeichen : und / nur zur Raumersparnis.
=	gleich	
≡	identisch gleich	
≠	nicht gleich, ungleich	
≢	nicht identisch gleich	
≈	angenähert, nahezu gleich (rund, etwa)	
<	kleiner als	
>	größer als	
≪	klein gegen	von anderer Größenordnung.
≫	groß gegen	
∞	unendlich	
√ √⎺ √⎤	Wurzel aus	Das Zeichen erhält einen oben angesetzten wagerechten Strich, an dessen Ende noch ein kurzer senkrechter Strich angesetzt werden kann.
| |	Determinante	
| |	Betrag von	Absoluter Wert oder Betrag einer reellen oder komplexen Größe.

---

[1] Vis s. M. Grübler: ZS.d.VDI 1892, S. 833; Bar s. E. Budde: ETZ 1911, S. 53; ZS.d.VDI 1913, S. 870.

Zeichen	Schreib- und Sprechweise	Erläuterung
!	Fakultät	$n! = 1.2.3\ldots n$
Δ	Delta (groß Delta)	endliche Änderung.
d		vollständiges Differential (vgl. Erläuterungen).
∂		partielles Differential.
δ	Delta (klein Delta)	Variation, virtuelle Änderung.
đ		Diminutiv (vgl. Erläuterungen).
Σ	Summe	Grenzbezeichnungen sind unter und über das Zeichen Σ zu setzen. Die Summationsveränderliche wird unter das Zeichen Σ gesetzt: $\sum_{\lambda=1}^{n}$ oder $\sum_{\lambda}$
$\int$	Integral	
$\int f(x)\,d(x)$	Integral $f(x)\,d(x)$	Unbestimmtes Integral
$\int_a^b f(x)\,dx$	Integral $f(x)\,dx$ von a bis b	Bestimmtes Integral; a und b sind die Grenzen. Wo es der Deutlichkeit wegen nützlich erscheint, schreibt man auch: $\int_{x=a}^{b} f(x)\,dx$
$\parallel$	parallel	
$\#$	gleich und parallel	
$\uparrow\uparrow$	parallel und gleichsinnig	
$\uparrow\downarrow$	parallel und entgegengesetzt	
$\perp$	rechtwinklig zu	
$\triangle$	Dreieck	
$\cong$	kongruent	
$\sim$	ähnlich, proportional	
$\measuredangle$	Winkel	
$\overline{AB}$	Strecke AB	
$\overset{\frown}{AB}$	Bogen AB	
$\rightarrow$	gegen nähert sich strebt nach konvergiert nach	$x \rightarrow a$ ist dasselbe wie $\lim x = a$
lim	Limes	$\lim x = a$ bedeutet: a ist Grenzwert von x. $f(x) \rightarrow b$ für $x \rightarrow a$ ist dasselbe wie $\lim f(x) = b$ für $\lim x = a$
log ^{a}log lg ln	Logarithmus Logarithmus zur Basis a Briggscher Logarithmus natürlicher Logarithmus	$\lg x = {}^{10}\log x$ $\ln x = {}^e\log x$
° ' "	Grad Minute Sekunde	$1° = 60'$ $1' = 60''$ Beispiel: $32°15'13'',42$
sin cos tg ctg	Sinus Cosinus Tangens Cotangens	trigonometrische Funktionen $(\sin \alpha)^n = \sin^n \alpha$ $\sin^{-1}\alpha$ bedeutet $(\sin \alpha)^{-1}$ und nicht arc sin α
arc sin arc cos arc tg arc ctg	Arcussinus Arcuscosinus Arcustangens Arcuscotangens	Kreisfunktionen
$\mathfrak{Sin}$ $\mathfrak{Cos}$ $\mathfrak{Tg}$ $\mathfrak{Ctg}$	Hyperbelsinus Hyperbelcosinus Hyperbeltangens Hyperbelcotangens	Hyperbelfunktionen
$\mathfrak{Ar\,Sin}$ $\mathfrak{Ar\,Cos}$ $\mathfrak{Ar\,Tg}$ $\mathfrak{Ar\,Ctg}$	Area Hyperbelsinus Area Hyperbelcosinus Area Hyperbeltangens Area Hyperbelcotangens	Umkehrungen der Hyperbelfunktionen

Erläuterungen.

Zu den einzelnen Zeichen sei das Folgende bemerkt:

Als Zeichen für „bis" war ursprünglich das Zeichen ÷ vorgeschlagen worden. Es wurde wieder verlassen, weil es in England und Amerika als Divisionszeichen verwendet wird. Das Zeichen — ist nicht möglich, weil es mit dem Minuszeichen verwechselt werden könnte.

Als Dezimalzeichen ist außer dem in Deutschland üblichen Komma der in Österreich übliche Punkt aufgenommen worden.

Als Zeichen des vollständigen Differentials wird das steile (Antiqua-) d eingeführt. Zur Darstellung physikalischer Größen dienen die Kursivbuchstaben; zur Bezeichnung mathematischer Funktionen gebraucht man meist die steile Schrift, z. B. sin, log. Auch für das Differentialzeichen wird in manchen Büchern das steile d verwendet; doch findet man häufig auch das Kursiv-d. Es ist zweckmäßig, einen bestimmten Gebrauch vorzuschlagen; folgerichtig wäre wohl nur[1]: für rein mathematische Zeichen steile Buchstaben, also hier steiles d.

Ein Diminutivzeichen ist bisher selten benutzt worden. Sein Gebrauch empfiehlt sich bei Differentialausdrücken, die keine vollständigen Differentiale darstellen.

Sätze.

Satz 1. Mechanisches Wärmeäquivalent.[2]

Angen.: April 1910, 13. Februar 1926.
Bearb.: K. Scheel, R. Luther.
Veröff.: ETZ 1908, S. 745; 1910, S. 598; 1922, S. 404; 1923, S. 299; 1925, S. 1895; 1927, S. 412.
DIN 1309.

Einheiten.

§ 2 des Gesetzes vom 7. August 1924 über die Temperaturskale und die Wärmeeinheit.
Veröffentlicht in Nr. 52 des Reichsgesetzblattes vom 12. August 1924.

„Die gesetzlichen Einheiten für die Messung von Wärmemengen sind die Kilokalorie (kcal) und die Kilowattstunde (kWh).

Die Kilokalorie ist diejenige Wärmemenge, durch welche ein Kilogramm Wasser bei atmosphärischem Druck von 14,5 auf 15,5° erwärmt wird.

Die Kilowattstunde ist gleichwertig dem Tausendfachen der Wärmemenge, die ein Gleichstrom von 1 gesetzlichen Ampere in einem Widerstand von 1 gesetzlichen Ohm während einer Stunde entwickelt und ist 860 Kilokalorien gleich zu erachten."

$$1 \text{ kcal} = 1000 \text{ cal (Grammkalorien)}$$
$$1 \text{ kWh} = 3{,}6 \times 10^6 \text{ gesetzliche Joule (Wattsekunden)}.$$

Arbeitswert der Wärmeeinheit.

$$1 \text{ kcal} = 4184 \text{ gesetzliche Joule}$$
$$= 4186 \times 10^7 \text{ erg} = 4186 \text{ absolute Joule}.$$

Der Arbeitswert der gesetzlichen Kilokalorie ist 426,9 kgm, wenn die normale Fallbeschleunigung 980,665 cm/s² zugrunde gelegt wird.

Der Arbeitswert der mittleren (0° bis 100°-) Kilokalorie ist dem Arbeitswert der gesetzlichen Kilokalorie gleich zu erachten.

Wärmewert der Arbeitseinheit (der Wattsekunde oder des gesetzlichen Joule und der Kilowattstunde).

$$1 \text{ J} = 1 \text{ Ws} = 0{,}0002390 \text{ kcal}$$
$$1 \text{ kWh} = 860 \text{ kcal}.$$

Allgemeine Gaskonstante R.

Bei Arbeitseinheit	Zahlenwert der allgemeinen Gaskonstante R
Erg	$8{,}313 \times 10^7$
Kilogrammeter	0,8477
gesetzliches Joule	8,309
Kilokalorie	0,001986
Literatmosphäre	0,08204

Das gesetzliche Joule ist gleich dem internationalen Joule; das absolute Joule ist zur Zeit gleich 0,9995 gesetzlichen Joule.

---

[1] Die Zweckmäßigkeit der Wahl des steilen d wird neuerdings von mathematischer Seite bestritten; es soll auch das schräge d zugelassen werden. Der AEF wird demnächst in erneute Prüfung dieses Vorschlags eintreten. (2. 7. 1928.)

[2] Neue Fassung.

Erläuterungen.

In dem Satz werden Richtwerte einiger wichtiger Umrechnungsfaktoren und Naturkonstanten festgesetzt. Solche Angaben können natürlich immer nur dem augenblicklichen Stande der Forschung entsprechen; so ist denn auch dieser Satz, nachdem er schon einmal endgültig festgestellt war, nochmals beraten und unter Berücksichtigung hauptsächlich der Arbeiten von E. Grüneisen und E. Giebe: Ann. Physik (4) Bd. 63, S. 179, 1920 und W. Jaeger und H. v. Steinwehr: Ann. Physik (4), Bd. 64, S. 305, 1921, in neuer Fassung veröffentlicht worden.

Grundsätzlich kann man bei Angabe solcher Richtwerte zweifelhaft sein, wie viele Stellen berücksichtigt werden sollen. Man könnte es für das Richtige halten, nur völlig sichere Ziffern anzugeben. Dann würden Neubearbeitungen der Sätze seltener nötig. Angenommen jedoch, es ergäbe sich z. B. bei genauen Messungen, die Zahl 8,313 sei auf 8,316 zu erhöhen, dann müßte bei gekürzter Angabe an die Stelle von 8,31 die Zahl 8,32 treten, was ein falsches Bild von der Größe der notwendig gewordenen Änderung ergäbe. Auch ist es ein Vorteil, wenn man an einer leicht zugänglichen Stelle die zur Zeit wahrscheinlichsten Zahlenwerte findet; wenn man sie nicht so genau braucht, kann man sie abkürzen. Als maßgebend muß der auch sonst befolgte Grundsatz gelten, jede Zahl mit so viel Stellen anzugeben, daß die Unsicherheit in der letzten mitgeteilten Stelle liegt.

Satz 2. Leitfähigkeit und Leitwert.

Angen.: April 1910.
Bearb.: J. Teichmüller, M. Wien.
Veröff.: ETZ 1908, S. 745; 1910, S. 598.
DIN 1321.

Das Reziproke des Widerstandes heißt Leitwert, seine Einheit im praktischen elektromagnetischen Maßsystem Siemens; das Zeichen für diese Einheit ist S.

Das Reziproke des spezifischen Widerstandes heißt Leitfähigkeit oder spezifischer Leitwert.

Erläuterungen.

Der Entwurf zu dem Satz 2 stammt aus dem Jahre 1908. Der Begriff des Leitwertes wurde damals viel seltener als der des Widerstandes verwendet, und zwar zu einem großen Teil deshalb, weil es an einem treffenden Namen für ihn fehlte. Das Wort „Leitfähigkeit", das ab und zu gebraucht wurde, eignet sich besser zur Bezeichnung einer spezifischen (Stoff-) Eigenschaft; die Deutsche Bunsengesellschaft für angewandte physikalische Chemie hatte außerdem bereits 1897 beschlossen, das Reziproke des spezifischen Widerstandes „Leitfähigkeit" zu nennen. So schlug der AEF den damals neuen Namen Leitwert vor.

Er mußte in seiner Begründung noch ausdrücklich darauf hinweisen, daß der Leitwert dem Widerstand durchaus gleichwertig ist, und daß je nach der vorliegenden Aufgabe das Rechnen mit Leitwerten oder das Rechnen mit Widerständen zweckmäßiger sein kann.

Seitdem hat sich der Begriff des Leitwertes in der Physik und in der Elektrotechnik vollkommen eingebürgert; es ist daher heute nicht mehr nötig, seine Einführung im einzelnen zu begründen und zu empfehlen.

Auch für die Einheit des Leitwertes hatte es bis zu dem Jahre 1908 keinen anerkannten Namen gegeben. Der AEF schlug damals die Bezeichnung Siemens vor als Ersatz für die von Lord Kelvin herrührende Bezeichnung Mho, die in Deutschland als eine Verstümmelung des Namens Ohm empfunden und deshalb abgelehnt wurde.

Auch die Einheit Siemens hat sich vollkommen eingeführt. Die Befürchtung, sie könne mit der „Siemens-Einheit" (S.-E.) verwechselt werden, ist heute noch weniger begründet als vor 20 Jahren.

Die Leitfähigkeit (der spezifische Leitwert) kann natürlich auf 1 m Länge und 1 mm² Querschnitt (Einheit Sm/mm²) oder auch auf 1 cm Länge und 1 cm² Querschnitt (Einheit S/cm) bezogen werden.

Satz 3. Temperaturbezeichnungen.

Angen.: Juli 1912.
Bearb.: F. Eichberg.
Veröff.: ETZ 1909, S. 861; 1911, S. 479; 1912, S. 963.

1. Wo immer angängig, namentlich in Formeln, soll die absolute Temperatur, die mit T zu bezeichnen ist, benutzt werden.

2. Für alle praktischen und viele wissenschaftlichen Zwecke, bei denen an der gewöhnlichen Celsiusskala festgehalten wird, soll empfohlen werden, lateinisch t zu verwenden, sofern eine Verwechslung mit dem Zeitzeichen t ausgeschlossen ist.

Wenn gleichzeitig Celsiustemperaturen und Zeiten vorkommen, so soll für das Temperaturzeichen das griechische ϑ verwendet werden.

Beispiel: So soll man bei der Verwendung des Carnot-Clausiusschen Prinzips statt $Q \dfrac{dt}{t+273}$ $Q \dfrac{dT}{T}$ schreiben; andernseits soll die Längenänderung eines Stabes ausgedrückt werden durch die Formel:

$$l = l_0(1 + \alpha t + \beta t^2).$$

Satz 4. Einheit der Leistung.[1]

Angen.: Juli 1912, 13. Februar 1926.
Bearb.: K. Scheel, F. Emde, Diedrich Meyer, Eugen Meyer.
Veröff.: ETZ 1911, S. 721; 1912, S. 279, 963; 1914, S. 687; 1922, S. 404; 1923, S. 299; 1927, S. 376.
DIN 1316.

Die technische Einheit der Leistung heißt Kilowatt. Sie ist praktisch gleich 102 Kilogrammeter in der Sekunde und entspricht der absoluten Leistung 10^{10} erg in der Sekunde, Einheitsbezeichnung kW.

Für die Umrechnung von Leistungsangaben aus Pferdestärken in Kilowatt und umgekehrt werden folgende Zahlen festgesetzt:

$$1 \text{ kW} = 1{,}360 \text{ PS}$$
$$1 \text{ PS} = 0{,}735 \text{ kW}.$$

Erläuterungen.

Schon vor der Ausarbeitung des ersten Entwurfs bestand in weiten Kreisen der Technik der Wunsch, im Verkehr eine andere Leistungseinheit als die Pferdestärke zu benutzen. Diese ist in keinem gebräuchlichen Maßsystem ein dekadisches Vielfaches der Grundeinheit für die Leistung; außerdem ist es namentlich für die Berechnung von Wirkungsgraden eine große Bequemlichkeit, nur eine einzige Leistungseinheit zu benutzen.

Wenn man die Einheit „Pferdestärke" durch eine für alle Gebiete geltende Einheit ersetzen wollte, so war es von vornherein klar, daß nicht die Einheit des technischen Systems kgm/s oder ein dekadisches Vielfaches davon, sondern nur das internationale Kilowatt in Betracht kommen konnte, das sich von 10^{10} erg (dem absoluten Kilowatt) nur sehr wenig unterscheidet (es ist annähernd $1 \text{ kW} = 1{,}0005 \cdot 10^{10}$ erg).

Zunächst wurde befürchtet, es könnte Anstoß daran genommen werden, daß auch mechanische Leistungen in Kilowatt ausgedrückt werden sollen; es wurden daher anfangs für das Kilowatt neue Bezeichnungen wie „Neupferd" und dann „Großpferd" vorgeschlagen. Diese Bezeichnungen waren von vornherein als Übergangsbezeichnungen gedacht und sollten hauptsächlich der Maschinenindustrie den Übergang zu der neuen Einheit auch bei Kraftmaschinen, die nicht zur Erzeugung elektrischer Energie benutzt werden, wie z. B. Pumpmaschinen, Lokomobilen, Schiffsmaschinen, Automobil-

und Flugmotoren erleichtern. Aber gerade aus dem Kreise der Maschinenindustrie wurde der Einwand erhoben, daß die Übergangsbezeichnungen wesentliche praktische Nachteile mit sich bringen könnten, so daß sie der AEF wieder aufgab.

Der Satz ist im Jahre 1926 in neuer Fassung angenommen worden, weil der Wunsch laut geworden war, die Zahlen für die Umrechnung der Pferdestärke in das Kilowatt und umgekehrt in den Satz aufzunehmen. Diese Zahlen beruhen auf den folgenden Grundlagen: Aus den Gleichungen

$$1 \text{ Watt} = 1 \text{ Joule/Sekunde } (1 \text{ W} = 1 \text{ J/s})$$
und
$$1 \text{ PS} = 75 \text{ kgm/s}$$
folgt, wenn man setzt:
$$4{,}184 \text{ Joule} = 4{,}186 \cdot 10^7 \text{ erg}$$

(nach Grüneisen und Giebe: Ann. Physik (4) Bd. 63, S. 199, 1920) und

$$1 \text{ g-Gew.} = 980{,}6 \text{ dyn} = 980{,}6 \text{ erg/cm}$$
$$1 \text{ PS} = 735{,}1 \text{ W}$$
oder abgerundet
$$1 \text{ PS} = 0{,}735 \text{ kW}.$$

Der Kehrwert von 0,7351 ist 1,3603; für die Umrechnung von Kilowatt in Pferdestärken ist demnach die Zahl 1,360 anzunehmen.

Satz 5. Spannung, Potential, Potentialdifferenz und elektromotorische Kraft.

Angen.: 13. Februar 1926.
Bearb.: K. W. Wagner, H. Görges, W. Jaeger, H. Rubens†.
Veröff.: ETZ 1908, S. 745; 1920, S. 641, 660; 1927, S. 552.
DIN 1323.

I. Allgemeiner Begriff der Spannung.

1. Ein mit der Elektrizitätsmenge Q geladener kleiner Körper lege im elektrischen Felde einen Weg s zurück. Dabei leisten die Feldkräfte an dem Körper eine mechanische Arbeit A. Dann schreibt man dem Weg s eine elektrische Spannung $U = A/Q$ zu.

Die elektrische Spannung hat den gleichen Zahlenwert und das gleiche Vorzeichen wie die Arbeit am Träger der Einheit der positiven Elektrizitätsmenge.

Bemerkung: Die Spannung bezieht sich auf ein Linienstück.

Unter einer Spannungsdifferenz ist die Differenz zweier Spannungen zu verstehen. Sie bezieht sich auf zwei Linienstücke.

2. Fällt der Endpunkt des Weges mit seinem Anfangspunkte zusammen, so heißt der Weg ein geschlossener. Die zugehörige Spannung bezeichnet man als Umlaufspannung U_0.

II. Wirbelfreies elektrisches Feld.

3. Verschwindet in einem Raumteil die elektrische Umlaufspannung für alle möglichen geschlossenen Wege, die man auf stetige Weise in einen Punkt zusammenziehen kann,

$$U_0 = 0,$$

so nennt man das elektrische Feld in diesem Raumteile wirbelfrei.

---

[1] Neue Fassung.

4. In einem wirbelfreien Felde erhält man gleiche Spannungen für alle zwischen zwei Punkten gezogenen Wege, die man auf stetige Weise ineinander überführen kann, ohne das wirbelfreie Gebiet zu verlassen. Diese gemeinsame Spannung kann man somit als Differenz zweier den Endpunkten zuzuschreibenden Zahlenwerte auffassen. Sie werden die **elektrischen Potentiale** der Endpunkte genannt. Und zwar gilt das Potential P_0 des Ausgangspunktes als Minuend, das Potential P_e des Ankunftspunktes als Subtrahend:

$$U = P_0 - P_e.$$

Im wirbelfreien Felde kann also die elektrische Spannung als Potentialdifferenz aufgefaßt werden.

Für einen Feldpunkt kann man das Potential beliebig festsetzen; dann ist es für die übrigen Punkte bestimmt. Das Potential bezieht sich auf **einen** Punkt, die Potentialdifferenz auf **zwei** Punkte.

5. Herrscht in einem wirbelfreien Felde zwischen verschiedenen Punkten A und B eines stromlosen ruhenden Leiters eine Spannung, so schreibt man dem Leiter eine **eingeprägte elektromotorische Kraft** E^e zu. Sie stimmt nach Dimension und Zahlenwert mit jener Spannung überein, hat aber das entgegengesetzte Vorzeichen:

$$E^e = -U_{AB}.$$

6. Die algebraische Summe der Spannung zwischen den Enden A und B eines linearen Leiters und der dem Leiter eingeprägten elektromotorischen Kraft ergibt den **Ohmschen Spannungsfall** in dem Leiter (Ohmsches Gesetz):

$$RI = E^e{}_{AB} + U_{AB}.$$

I ist die Stromstärke im Leiter, R sein Widerstand; I soll als positiv gerechnet werden, wenn der Strom von A nach B fließt.

Für eine geschlossene Leiterschleife ist die algebraische Summe aller Ohmschen Spannungsfälle gleich der algebraischen Summe aller eingeprägten elektromotorischen Kräfte (Gesetz von Kirchhoff):

$$\sum RI = \sum E^e.$$

III. Elektrisches Wirbelfeld.

7. Ist in einem elektrischen Felde die Spannung für benachbarte Wege zwischen den gleichen Endpunkten verschieden, so nennt man das Feld ein Wirbelfeld. In einem derartigen Felde lassen sich also die Spannungen nicht mehr als die Differenzen von Potentialen der Feldpunkte auffassen.

8. In jedem elektrischen Felde ist die Umlaufspannung für einen beliebigen geschlossenen Weg gleich der Abnahme, die der umschlungene magnetische Induktionsfluß Φ in der Zeiteinheit erfährt:

$$U_0 = -\frac{d\Phi}{dt}.$$

Dieses ist die umfassendste Form des Induktionsgesetzes.

9. Für eine geschlossene Schleife aus linearen Leitern ist die algebraische Summe der Ohmschen Spannungsfälle gleich der Umlaufspannung, vermehrt um die algebraische Summe der eingeprägten elektromotorischen Kräfte:

$$\sum RI = U_0 + \sum E^e$$

oder

$$\sum RI = -\frac{d\Phi}{dt} + \sum E^e.$$

Die Größe $-d\Phi/dt$ spielt hiernach bei der Berechnung des Stromes die gleiche Rolle wie die eingeprägten elektromotorischen Kräfte. Sie wird in diesem Zusammenhange auch als **induzierte elektromotorische Kraft** E_i bezeichnet:

$$E_i = -\frac{d\Phi}{dt}.$$

Erläuterungen.[1]

A. Allgemeines.

Die Bezeichnungen Potential, Spannung und elektromotorische Kraft werden in der Elektrotechnik in verschiedener Bedeutung benutzt. Das ist zweifellos ein Mißstand; daß er in weiten Kreisen als solcher empfunden worden ist, lehren die ausgedehnten Erörterungen, die sich über diesen Gegenstand in Fachzeitschriften entsponnen haben.

Der Satz enthält Vorschriften für einen einheitlichen Gebrauch der genannten Bezeichnungen. Die hier gegebenen Definitionen sind in möglichst engem Anschluß an das geschichtlich Gewordene und zurzeit Gebräuchliche aufgestellt. Sie sind daher nicht etwas „Neues", Fremdartiges, das sich erst einbürgern soll, sondern lediglich die konsequente Durchführung der in der Elektrotechnik sehr geschätzten Nahewirkungsvorstellungen.

Die Definitionen beschränken sich auf wenige knappe Sätze. Ihre Aufstellung ist die Frucht sehr umfangreicher Beratungen, in denen ein reiches Material zutage gefördert worden ist. Da die Kenntnis dieses Materials für eine sachgemäße Beurteilung des Satzes unerläßlich erscheint, ist es bei der Abfassung der vorliegenden Erläuterungen verwertet worden.

B. Einzelnes.

Zu 1. In der allgemeinen Definition erscheint die elektrische Spannung als Attribut eines Weges. In der Tat kann man nicht von der Spannung zwischen zwei Punkten schlechtweg sprechen, wenn verschiedene Wege zwischen diesen Punkten verschiedene Werte der Arbeit und somit auch verschiedene Spannungen ergeben. Nur wenn die Spannung den-

---

[1] Bearbeitet von K. W. Wagner.

Satz 5. Spannung, Potential, Potentialdifferenz und elektromotorische Kraft.

selben Wert annimmt für alle möglichen Wege, die man zwischen zwei Feldpunkten ziehen kann, darf man die Spannung auch als Eigenschaft dieser beiden Punkte selbst betrachten. In diesem speziellen Falle läßt sich die Spannung zugleich als Differenz der den genannten Punkten zuzuschreibenden Potentiale auffassen.

Zu 3. Es ist hierbei vorausgesetzt, daß man bei dieser Deformation des Weges das Innere des betrachteten Raumteiles nie verläßt. Dieser sei z. B. das in Abb. 1 dargestellte Ringgebiet, das den Eisenkern K eines Transformators umschlingt. Wenn man keine magnetische Streuung hat, d. h. wenn ein magnetisches Wechselfeld nur in dem Raumteil K vorhanden ist, so ist das elektrische Feld in dem äußeren Ringgebiet wirbelfrei. In ihm ist ein Weg s_a gezeichnet und angedeutet, wie er auf stetige Weise in den Punkt P zusammengezogen werden kann. Beim Weg s_b ist dies nicht möglich. Hiermit hängt zusammen, daß auf dem Weg s_b die elektrische Umlaufspannung von Null verschieden ist (vgl. auch die Erläuterungen zu Nr. 7).

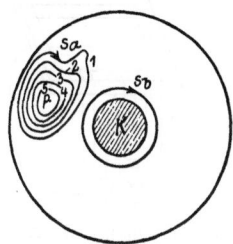

Abb. 1.
Ringgebiet um den Eisenkern eines Transformators.

Zu 4. Wirklich beobachten und messen kann man immer nur die als Spannungen erscheinenden Potentialdifferenzen, niemals die Potentiale selbst. Das Potential ist lediglich eine mathematische Hilfsgröße. Das geht schon daraus hervor, daß man es um einen beliebigen konstanten Betrag vermehren oder vermindern darf, ohne daß es seine Bedeutung einbüßt. Man kann z. B. einer beliebigen Stelle im Felde einen beliebigen Wert des Potentials zuschreiben. Erst durch diesen Akt der Willkür wird das Potential für die übrigen Punkte des Feldes völlig bestimmt[1].

Zu 5. Die wichtigsten eingeprägten elektromotorischen Kräfte sind die der galvanischen und der Thermoelemente. Ganz allgemein kann man sagen, daß eingeprägte elektromotorische Kräfte immer nur in solchen Leitern auftreten, die in physikalischer oder chemischer Hinsicht nicht homogen sind. Es kann vorkommen, daß beim Durchgang eines Stromes durch solche Leiter sich ihre physikalische oder chemische Beschaffenheit ändert (z. B. kann sich die Konzentration des Elektrolyts einer galvanischen Zelle oder die Wärmeverteilung in der Lötstelle eines Thermoelementes bei der Stromentnahme ändern). Auch für solche Fälle trifft die hier gegebene Definition der eingeprägten elektromotorischen Kraft zu, sofern man unter dem „stromlosen" Zustand den Zustand unmittelbar nach einer plötzlichen Stromunterbrechung versteht.

Der Name „elektromotorische Kraft" ist im Laufe der Zeit in verschiedener Bedeutung gebraucht worden. Früher wurde er vielfach für das Linienintegral der Feldstärke benutzt, das wir jetzt als Spannung bezeichnen. Bei Maxwell und anderen englischen Autoren bedeutet „electromotive force" meist die elektrische Feldstärke. Dagegen definiert Maxwell in Art. 233 des 1. Bandes seines Lehrbuches der Elektrizität und des Magnetismus die EMK der Daniellzelle als Potentialdifferenz bei offener Zelle. Dieser Definition hat sich der vorliegende Entwurf in Übereinstimmung mit neueren Autoren (Cohn, Abraham u. a.) im wesentlichen angeschlossen. Es wird davon ausgegangen, daß nach den Gesetzen der Elektrostatik zwischen verschiedenen Punkten eines ruhenden stromlosen Leiters im allgemeinen keine Spannung besteht. Eine Ausnahme hiervon machen nur diejenigen Leiter, in denen bei geeigneter Verbindung mit anderen Leitern dauernd elektrische Ströme zirkulieren können. Das Kennzeichen dieser Leiter ist, daß sie auch in stromlosem Zustande im Innern ein elektrostatisches Feld führen; der zugehörigen Feldstärke entgegen wirkt eine gleich große „eingeprägte" Feldstärke: ihr Linienintegral ist die eingeprägte EMK (vgl. Abb. 2).

Die hier gegebene Definition beschränkt sich absichtlich auf die eingeprägten EMKe und will diesen Begriff nur dort benutzen, wo der Mechanismus des elektrischen Vorganges durch die elektromagnetischen Grundgesetze allein nicht beschrieben werden kann. Dadurch, daß man in solchen Fällen die eingeprägten EMKe einführt, gelingt es, die Betrachtungen rein elektromagnetisch durchzuführen, d. h. ohne daß man genötigt ist, Hilfsvorstellungen aus der Molekularphysik, der Thermodynamik oder aus anderen Gebieten heranzuziehen (vgl. M. Abraham: Theorie der Elektrizität, Bd. I, § 56, 3. Aufl. 1907 und § 49, 4. Aufl. 1912 und 5. Aufl. 1918).

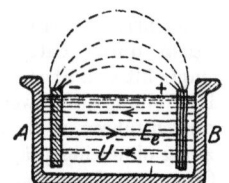

Abb. 2.
Galvanische Zelle. Der ausgezogene Pfeil gibt die Richtung der eingeprägten EMK an; die gestrichelten Linien bedeuten die elektrischen Feldlinien.

Bei der Entladung eines Kondensators ist der Vorgang ein rein elektrischer; daher ist es überflüssig, hier eine EMK einzuführen. Nach der Definition des Satzes ist dies übrigens auch nicht angängig, da die Spannung beim Kondensator nicht zwischen Punkten desselben Leiters auftritt. Die Influenzmaschine wirkt wie ein Kondensator, dessen Belegungen auseinandergezogen werden; sie besitzt daher gleichfalls keine EMK (sondern eine Spannung). Dagegen tritt bei der Reibungs-Elektrisiermaschine in der Berührungsfläche der Platte mit dem Reibzeug eine eingeprägte EMK auf; die Reibungs- und Berührungselektrizität beruht nach den neueren Anschauungen auf einem elektrolytischen Vorgang, der eine elektrolytisch leitende Oberflächenschicht bedingt[2]; diese spielt hier die Rolle des Leiters, von dem in der Definition die Rede ist.

Gedanklich kann man freilich mit einer eingeprägten EMK auch dort arbeiten, wo eine solche nach der Definition nicht vorliegt. Wenn man sich z. B. um die elektrischen Vorgänge innerhalb eines Teiles des elektrischen Systems nicht kümmern will, so kann man diesen Teil als einen zusammenhängenden Leiter betrachten; besteht dann zwischen seinen Enden eine Spannung, wenn kein Strom hinein- oder herausfließt, so kann man diese Spannung wie eine eingeprägte EMK behandeln. Wer also in diesem Sinne von der EMK einer Influenzmaschine spricht, sieht für den Augenblick von dem wirklichen Vorgang der Stromerzeugung in dieser Maschine ab und denkt sich an ihrer Stelle eine galvanische Batterie[3]. Eine derartige Hilfsvorstellung liegt besonders dann nahe, wenn die Stromquelle (tatsächlich oder gedanklich) unzugänglich ist, also etwa in einem Kasten eingeschlossen ist, aus dem nur die Klemmen hervorragen. Dann kann man die Klemmenspannung bei Leerlauf und Belastung messen und daraus „EMK" und „inneren Widerstand" als reine Rechengrößen bestimmen. Dieser Rechnung liegt die obenerwähnte Hilfsvorstellung zugrunde.

---

[1] Legt man insbesondere der unendlich fern gedachten Begrenzung des Feldes den Potentialwert 0 bei, so ist das Potential eines Punktes x aus der Formel

$$P_x = \sum \frac{Q}{r}$$

zu berechnen. Die Summierung ist auf sämtliche Elektrizitätsmengen Q des Feldes zu erstrecken; r bedeutet den Abstand der betreffenden Menge Q vom Punkte x. Hierbei sind den wahren, auf den Leitern befindlichen Ladungen die scheinbaren Ladungen gleichzuachten, die infolge der Influenz an der Grenzfläche verschiedener dielektrischer Körper zum Vorschein kommen.

[2] Vgl. z. B. Mascart und Joubert: Lehrbuch der Elektrizität und des Magnetismus, Bd. 1, Art. 193, Berlin 1896.

[3] Man vergleiche hierzu die Bemerkungen bei Cohn, E.: Das elektromagnetische Feld, S. 333, letzter Absatz und S. 334, Leipzig 1900, sowie bei Maxwell: Lehrbuch der Elektrizität und des Magnetismus, Art. 49.

Zu 6. Spricht man das Ohmsche Gesetz in dieser Form aus, so gelten die folgenden einfachen Vorzeichenregeln:

1. Eine Spannung hat dasselbe Vorzeichen wie der Strom, wenn das elektrische Feld in Richtung des Stromes wirkt;
2. eine elektromotorische Kraft hat dasselbe Vorzeichen wie der Strom, wenn dieser bei einer Steigerung der elektromotorischen Kraft ebenfalls wächst.

Das Ohmsche Gesetz wird häufig auch in der Form

$$RI = E^e_{AB} - U_{BA} \quad \text{oder} \quad RI = U_{AB} - E^e_{BA}$$

angeschrieben. Hierbei wären die vorstehenden Vorzeichenregeln durch entsprechend abgeänderte zu ersetzen. Es empfiehlt sich aber nicht, diese Formeln in einer allgemeinen Darstellung zu verwenden, da beide zu unerwünschten Folgerungen führen, z. B. ergibt die erste von ihnen für einen Netzzweig ohne eingeprägte EMKe den Satz, daß die Summe der Ohmschen Spannungsfälle gleich der negativen Spannung zwischen den Enden des Zweiges ist; nach der zweiten Formel wird für eine geschlossene Schleife bei Gleichstrom die Summe aller Spannungsfälle gleich der negativen Summe der EMKe. Diese Sätze sind nicht vereinbar mit den Vorzeichenregeln 1 und 2, deren Beibehaltung erwünscht ist.

Die Anwendung der Gleichung unter Nr. 6 werde an dem folgenden Beispiel erläutert.

Man denke sich aus Zellen (Abb. 2) eine Batterie mit einer EMK von 100 V zusammengestellt. Der innere Widerstand sei $0,1 \Omega$. Bei einer Stromentnahme von 20 A ergibt sich die Klemmenspannung U_{AB} aus

$$20 \cdot 0,1 = 100 + U_{AB},$$
$$U_{AB} = -98 \text{ V}.$$

Das Vorzeichen ist negativ, weil die Spannung vom negativen Pol A zum positiven Pol B gerechnet ist.

Für den Fall, daß die Batterie mit 20 A geladen wird, lautet die Gleichung unter Nr. 6

$$-20 \cdot 0,1 = 100 + U_{AB},$$
$$U_{AB} = -102 \text{ V}.$$

Der Ladestrom ist mit dem negativen Vorzeichen einzuführen, weil er von B nach A fließt. Besser ist es hier, den positiven Pol mit A, den negativen mit B zu bezeichnen. Dann ist der Strom positiv, die EMK negativ zu rechnen und die Gleichung in der Form

$$20 \cdot 0,1 = -100 + U_{AB}$$

anzuschreiben. Sie ergibt

$$U_{AB} = +102 \text{ V}.$$

Die Klemmenspannung ist jetzt vom positiven zum negativen Pol gerechnet.

Das Kirchhoffsche Gesetz ist nur eine besondere Form der Aussage, daß die Umlaufspannung für jede Leiterschleife im wirbelfreien Felde verschwindet:

$$U_0 = \sum RI - \sum E^e = 0.$$

Zu 7. Das elektrische Feld ist z. B. immer dann ein Wirbelfeld, wenn es von einem veränderlichen Magnetfeld durchdrungen wird, wie z. B. in der Nähe starker Wechselströme oder im Luftspalt eines Wechselstrommotors, oder in der Umgebung einer Antenne für drahtlose Telegraphie. Auch in Körpern, die sich durch ein Magnetfeld hindurch bewegen, ist das elektrische Feld im allgemeinen ein Wirbelfeld. In leitenden Körpern bilden sich dann „Wirbelströme" aus.

Es kommt häufig vor, daß das veränderliche Magnetfeld und damit auch das elektrische Wirbelfeld einen mehrfach zusammenhängenden (ringartig gestalteten) Raum einnimmt, z. B. im Eisenkern eines Transformators (Abb. 3). Der übrige wirbelfreie Teil des elektrischen Feldes hat dann die Eigenschaft, daß darin nicht alle Wege zwischen zwei Punkten dieselbe Spannung liefern. Dies trifft vielmehr nur dann zu, wenn der geschlossene Umlauf, den man mittels zweier solcher Wege bilden kann, das Wirbelfeld nicht umschlingt. Im anderen Falle ist der Spannungsunterschied der beiden Wege proportional der Zahl der Umläufe um das Wirbelfeld: in Abb. 3 liefern die Wege s_1, s_2, s_3 verschiedene Spannungen U_1, U_2, U_3; die beiden s_2 liefern die gleiche Spannung U_2. Ist Φ der magnetische Induktionsfluß im Transformatorkern, so wird

$$U_2 - U_1 = \frac{d\Phi}{dt},$$
$$U_3 - U_1 = 2\frac{d\Phi}{dt},$$

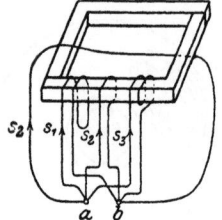

Abb. 3. Verschiedene Wege in dem Raum außerhalb eines Eisenkerns.

im übrigen ist der Spannungsunterschied völlig unabhängig von der besonderen Form der Wege; demzufolge lassen sich die Spannungen auch jetzt noch als Potentialdifferenzen auffassen, wenn man jedem Feldpunkte eine (unendliche) Reihe von Zahlenwerten als Potential (unendlich vielwertiges Potential) zuschreibt.

Es sei z. B. das Potential des Punktes a in Abb. 3 gleich dem (willkürlich festgesetzten) Werte P_a. Die auf einem Wege s_1, der den Eisenkern nicht umschlingt, gemessene Spannung zwischen b und a sei U. Dann ist das Potential des Punktes b entweder mit

$$P_b = P_a + U$$

oder mit

$$P_b = P_a + U + \frac{d\Phi}{dt}$$

oder mit

$$P_b = P_a + U + 2\frac{d\Phi}{dt}$$

oder mit

$$P_b = P_a + U + m\frac{d\Phi}{dt}$$

einzusetzen, je nachdem aus dem Potential P_b die Spannung auf dem Wege s_1 oder auf dem Wege s_2 oder auf dem Wege s_3 oder auf einem den Kern m mal umschlingenden Wege berechnet werden soll.

Zu 8. Im Induktionsgesetz wird die Art des Weges, auf den sich die Umlaufspannung bezieht, keiner Beschränkung unterworfen. Er kann insbesondere ganz oder teilweise innerhalb von Leitern oder an ihrer Oberfläche entlang oder durch das Dielektrikum verlaufen[1].

Bei der hier ausgesprochenen Form des Induktionsgesetzes sind entsprechend dem allgemeinen Gebrauch positiver Umlaufsinn des Weges und positive Richtung des magnetischen Feldes in derselben Weise einander zugeordnet, wie der Drehsinn und Fortschreitungssinn einer rechtsgängigen Schraube.

Zu 9. Um diesen Satz auch bei ungeschlossenen Leitern benutzen zu können, denke man sich die Schleife durch Spannungszeiger zu einer geschlossenen ergänzt.

Wenn man z. B. das Induktionsgesetz auf ein Stück Doppelleitung anzuwenden hat, denke man sich die Hinleitung mit der Rückleitung durch Spannungsmesser verbunden und zwar je einen am Anfang und einen am Ende des betrachteten Stückes. Durch die Spannungsmesser mit ihren Zuleitungen wird das Stück Doppelleitung zu einer geschlossenen Leiterschleife ergänzt, auf die man das Induktionsgesetz anwenden kann.

Man beachte, daß der Satz mit Beschränkung auf lineare Leiter ausgesprochen wird. Auch für diese ist er nur angenähert richtig; er gilt nämlich nur insoweit, als man die Wirkung des magnetischen Feldes im Drahtinnern vernachlässigen darf. Nur dann kann man von der Umlaufspannung längs der Schleife schlechtweg sprechen, d. h. ohne genauere

---

[1] Ein Beispiel für die Anwendung des Induktionsgesetzes auf einen vollständig im Dielektrikum verlaufenden Weg findet sich auf S. 1094 der ETZ 1913 unter 3.

Satz 5. Spannung, Potential, Potentialdifferenz und elektromotorische Kraft.

Angabe darüber, ob der Weg im Leiterinnern oder an der Leiteroberfläche und an welcher besonderen Stelle des Innern oder der Oberfläche er liegen soll.

Eine strenge Definition des Ohmschen Spannungsfalles linearer Leiter im elektrischen Wirbelfelde ist nur durch Energiebetrachtungen und nur für periodische Vorgänge möglich (vgl. H. Dießelhorst und F. Emde: Definitionen der elektrischen Eigenschaften gestreckter Leiter; ETZ 1909, S. 1155 u. 1184). Dabei zeigt es sich, daß man zur Berechnung der induzierten elektromotorischen Kraft von dem magnetischen Induktionsfluß, der den Leiter selbst durchdringt, nur einen Bruchteil in Rechnung setzen darf, und daß dieser Bruchteil von der Frequenz abhängt.

Endlich sei noch hervorgehoben, daß der Sinn dieser Definition nicht dahin geht, die Größe $-d\Phi/dt$, die Abnahme des magnetischen Induktionsflusses in der Zeiteinheit, ganz allgemein als induzierte EMK zu bezeichnen. Das soll vielmehr nur dort geschehen, wo $-d\Phi/dt$ dieselbe Rolle spielt wie eine eingeprägte EMK, d. h. wenn man den Kirchhoffschen Satz in der gewohnten Form auch auf lineare Leiter anwenden will, die von einem veränderlichen magnetischen Fluß durchsetzt werden. Man denkt sich hier die Wirkung der Flußschwankung auf die Stromverteilung ersetzt durch die Wirkung eines galvanischen Elements. In dieser Weise hat man den Induktionsvorgang früher wohl allgemein aufgefaßt (Vorstellung I).

Die neuere (Maxwellsche) Vorstellung sucht das Wesentliche des Induktionsvorganges in dem elektrischen Felde, das mit jeder zeitlichen Änderung des magnetischen Feldes verknüpft ist. Die Beziehung zwischen den beiden Feldern findet ihren Ausdruck in der zweiten Maxwellschen Hauptgleichung (Nr. 8 des Satzes). Der „induzierte" Strom ist nach dieser Vorstellung mehr eine Art Nebenerscheinung; er verdankt sein Dasein dem zufälligen Umstande, daß ein geschlossener Leiter in dem elektrischen Felde liegt. Die Strömung im Draht ist diesem Felde nach bestimmten, vom Induktionsgesetz unabhängigen Vorschriften zugeordnet (Vorstellung II).

Der Unterschied[1] zwischen den beiden Vorstellungen I und II werde an einem Beispiel erläutert (Abb. 4 und 5).

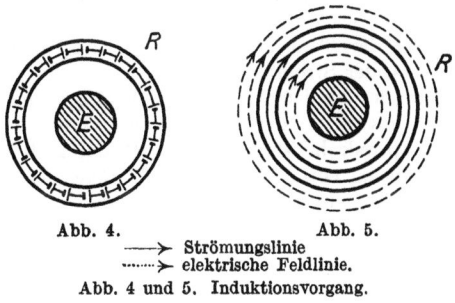

Abb. 4.   Abb. 5.
—▸ Strömungslinie
····▸ elektrische Feldlinie.
Abb. 4 und 5. Induktionsvorgang.

Ein Eisenzylinder E mit zeitlich veränderlichem Magnetfluß induziere den konzentrisch zu ihm angeordneten Kupferring R.

a) Vorstellung I. Die induzierte EMK hat man sich aus Symmetriegründen gleichmäßig auf den Ring verteilt zu denken, wie in Abb. 4 angedeutet. Bei dieser Anordnung fließt im Ring ein Strom, aber es besteht außerhalb des Ringes kein elektrisches Feld.

b) Vorstellung II. Es entsteht rings um den Eisenzylinder ein elektrisches Feld, die Feldlinien sind konzentrische Kreise um die Zylinderachse (Abb. 5). In dem leitenden Ring gehört zu diesem Felde eine Strömung; ihre Stärke ist die gleiche wie unter a.

Die Erfahrung lehrt, daß ein elektrisches Feld der unter b beschriebenen Art in dem Luftraum außerhalb des Ringes vorhanden ist. Wir schließen daraus, daß zwar beide Vorstellungen zu dem richtigen Wert des induzierten Stromes führen, daß aber nur die Vorstellung II außerdem das richtige elektrische Feld im Außenraum liefert.

Der Widerspruch zwischen den beiden Vorstellungen I und II besteht, allgemein gesprochen, darin, daß die erste stets, die zweite niemals ein überall wirbelfreies elektrisches Feld ergibt.

Vom physikalischen Standpunkt ist hiernach die Vorstellung I zu verwerfen. Der auf diese Vorstellung gegründete Begriff der induzierten EMK wird damit gegenstandslos. Es wäre daher nur folgerichtig, ihn gänzlich auszumerzen. Dem steht jedoch entgegen, daß das Wort „induzierte EMK" in Verbindung mit mehr oder minder klaren physikalischen Vorstellungen im allgemeinen Gebrauch ist. Es fragt sich nun: Ist es möglich, die induzierte EMK im Einklang mit der Vorstellung II zu definieren? Drei Vorschläge wurden erörtert.

Man kann unter der induzierten EMK verstehen:
1. die Umlaufspannung im wirklichen elektrischen Felde;
2. die Umlaufspannung im reinen Wirbelanteile des elektrischen Feldes[2];
3. die zeitliche Änderung des Induktionsflusses.

Der Vorschlag 1 hat den Nachteil, daß der Sitz der so definierten EMK in der Hauptsache außerhalb des induzierten Drahtes liegt, nämlich dort, wo das elektrische Feld am stärksten ist. In einem Stromkreis aus Transformatorwicklung und Voltmeter würde z. B. die induzierte EMK zum allergrößten Teil im Voltmeter zu suchen sein.

Der Vorschlag 2 vermeidet diesen Nachteil. Diese induzierte EMK bezieht sich jedoch auf eine fiktive Feldkomponente; es kommt noch hinzu, daß die geforderte Zerlegung des elektrischen Feldes zu viel theoretisches Rüstzeug voraussetzt, als daß man sie der Allgemeinheit zumuten düfte.

Außerdem geht ein wesentlicher Vorteil der neuen Feldauffassung verloren, die Einheitlichkeit des Feldes. Wir sind froh, daß wir durch Maxwell von der Unterscheidung des Feldes in einen statischen und einen dynamischen Anteil losgekommen sind. Es würde unbedingt einen Rückschritt bedeuten, wenn man das eine Feld wieder in zwei fiktive Komponenten zerlegen wollte.

Nach Vorschlag 3 wird die induzierte EMK eine magnetische Größe; ihr Sitz liegt, ähnlich wie bei Vorschlag 1, außerhalb des induzierten Drahtes.

Wegen dieser Nachteile konnte keiner der drei Vorschläge zur Annahme empfohlen werden.

Die im vorliegenden Satz gegebene Definition der induzierten EMK lehnt sich in der Form an die Vorstellung I an. Damit steht nicht im Widerspruch, daß der Entwurf im übrigen ganz auf dem Boden der Vorstellung II steht, von der wir gesehen haben, daß sie die physikalisch allein zulässige ist. Denn dadurch, daß die Definition der induzierten EMK auf lineare Leiterkreise beschränkt wird und namentlich durch ihre besondere Fassung, ist zum Ausdruck gebracht, daß die induzierte EMK nur eine Rechengröße von beschränktem Anwendungsbereich ist.

Die vorstehenden Definitionen der EMKe werden der geschichtlichen Entwicklung gerecht und decken sich mit der Auffassung namhafter Autoren.

---

[1] Vgl. hierzu auch die Ausführungen von W. Rogowski im Arch. f. Elektrot., Bd. 4, S. 56.
[2] Der Vorschlag rührt von Herrn W. Lenz her; Arch. f. Elektrot., Bd. 2, S. 67.

Satz 6. Durchflutung und Strombelag.

Angen.: 25. November 1921.
Bearb.: F. Emde, G. Rößler †.
Veröff.: ETZ 1911, S. 721; 1920, S. 422; 1922, S. 375.
DIN 1321.

1. Die algebraische Summe aller elektrischen Ströme durch eine beliebige Fläche heißt **elektrische Durchflutung**. Dimension: Stromstärke.

2. Bei einer elektrischen Strömung, die man als zweidimensional (flächenhaft) ansehen kann und will, heißt der Strom oder die Durchflutung durch eine zu den Stromlinien senkrechte Längeneinheit **Strombelag**. Dimension: Stromstärke durch Länge.

Erläuterungen.

1. Es ist in der Physik und in der Elektrotechnik üblich geworden, unter „Strom" nur den Strom durch einen Querschnitt eines einzelnen leitenden Körpers zu verstehen, nicht aber den Strom durch eine beliebige Fläche. Die Zahlenwerte für solche Ströme im weiteren Sinne des Wortes werden aber täglich gebraucht. Meist stellen sie sich dann als Summen von Strömen (im engeren Sinne) dar, und da oft diese einzelnen Ströme gleich sind, als Produkte aus Strom und Leiterzahl.

So ist in einer Dynamomaschine der magnetische Zustand des Eisens bestimmt durch die Gesamtzahl der erregenden Amperedrähte der Schenkel und des Ankers. Dabei bedeutet z. B. die Zahl der erregenden Amperedrähte der Schenkel den Strom, welcher durch die gesamte Querschnittsfläche dieser Drähte hindurchfließt. Bei der Angabe eines durch eine Fläche fließenden Stroms durch die Zahl der Amperedrähte ist der Amperedraht die Einheit dieses Stroms. Für den Begriff dieses Stromes selbst fehlt aber eine Bezeichnung, solange man unter „Strom" nur den durch einen einzelnen Leiter fließenden Strom versteht. In einer wissenschaftlichen Kultursprache darf aber eine Bezeichnung für einen so wichtigen Begriff ebensowenig fehlen wie für eine Meterzahl die Bezeichnung Länge, für eine Sekundenzahl die Bezeichnung Zeit, Voltzahl Spannung usw. Man darf mit ebensowenig sprachlichem Recht sagen, die Schenkel einer elektrischen Maschine hätten eine große Amperewindungszahl, wie man sagen darf, eine Strecke habe eine große Meterzahl statt eine große Länge, oder ein Körper habe eine große Kilogrammzahl statt ein großes Gewicht. Für die fehlende Bezeichnung der Größe, deren Einheit der Amperedraht ist, führt Satz 6 das Wort **Durchflutung** ein. Die Durchflutung kann danach definiert werden als der Strom, der eine beliebige (mehrere Leiterquerschnitte enthaltende) Fläche durchströmt. Wie man sagt, eine Maschine habe eine Spannung von so und soviel Volt, so hätte man also zu sagen, die Maschine (nämlich eine mittlere Kraftlinie der Maschine) habe eine Durchflutung von so und soviel Amperedrähten oder kürzer Ampere.

Die Bezeichnung Durchflutung hat sich in den 17 Jahren, die seit der ersten Veröffentlichung des Vorschlages verflossen sind, in sehr erfreulicher Weise in die elektrotechnische Literatur eingeführt. Die Integralform der ersten Maxwellschen Gleichung, wonach die wahre Durchflutung einer Fläche gleich oder proportional dem über den Rand der Fläche erstreckten Linienintegral der magnetischen Feldstärke ist, wird ziemlich allgemein das „Durchflutungsgesetz" genannt.

2. Um die Strombelastungen verschieden großer Anker zu vergleichen, ist es bei Dynamomaschinen üblich, die elektrische Durchflutung des Ankerkupfers auf die Längeneinheit des Umfangs zu beziehen. In derartigen Fällen soll die „Zahl der Amperedrähte auf 1 cm Umfang" als Strombelag des Spulenkerns oder des Ankers bezeichnet werden.

Der Begriff des Strombelags kann immer dann mit Nutzen verwendet werden, wenn der elektrische Strom in dünnen Platten (Blechen, Goldblatt) oder dünnwandigen Hohlzylindern usw. fließt. Die wirkliche Stromdichte hängt dann von der Dicke der Platten usw. ab und wird unendlich groß, wenn die Dicke als unendlich klein, der Strom also als flächenhaft verteilt angesehen werden kann. Der Strombelag dagegen ist unabhängig von der Dicke der Platten und bleibt auch bei flächenhafter Verteilung des Stromes endlich.

Nach dem Durchflutungsgesetz ist der Strombelag gleich dem Sprung der Tangentialkomponente der magnetischen Feldstärke an der Stromfläche.

Die Gründe, die den AEF veranlaßt haben, die Bezeichnung Durchflutung vorzuschlagen für die Größe, deren Einheit der Amperedraht ist, sprechen auch dafür, die Bezeichnung Strombelag einzuführen für die Größe, deren Einheit der Amperedraht auf der Längeneinheit ist.

Satz 7. Normaltemperatur.

Angen.: 26. November 1921.
Bearb.: G. Dettmar, Fr. Auerbach †, Eugen Meyer, K. Scheel.
Veröff.: ETZ 1914, S. 661; 1920, S. 422; 1921, S. 236; 1922, S. 375.
DIN 524.

Die Eigenschaften von Stoffen und Systemen sind möglichst bei einer bestimmten einheitlichen Temperatur zu messen oder für eine solche zu berechnen und anzugeben. Als Normaltemperatur gilt

$$20^0 \text{ C},$$

sofern nicht besondere Gründe für die Wahl einer anderen Temperatur vorliegen.

Die Angaben der Meßgefäße, Meßgeräte und Meßwerkzeuge sind auf die gleiche Temperatur zu beziehen, wenn nicht besondere Gegengründe vorliegen.

Unberührt bleiben:
die Temperatur 0^0 in der Festlegung der Maßeinheiten „Meter" und „Ohm", der Druckeinheit „Atmosphäre" sowie bei Barometerangaben;
die Temperatur 4^0 in der Festlegung der Maßeinheit „Liter" und für Wasser als Vergleichskörper bei Dichtebestimmungen.

Erläuterungen.

Es ist bei physikalischen und chemischen Tafelwerken üblich, die Eigenschaften und Wirkungen der verschiedenen Stoffe und Energien in erster Linie für „Zimmertemperatur" anzugeben, also für eine Temperatur, die etwa im Gebiete von $+15^0$ bis $+25^0$ liegt. In der Definition dieser Zimmertemperatur herrschte vor Aufstellung des Entwurfs und herrscht bis zu einem gewissen Grade auch heute noch die größte Mannigfaltigkeit. Zweck des Satzes war, eine im Gebiet der Zimmertemperatur gelegene Normaltemperatur zu vereinbaren, die möglichst auf allen physikalischen, chemischen und technischen Gebieten gelten soll, soweit nicht besondere Gründe dagegen sprechen.

Bei der Wahl einer solchen Temperatur konnte man für die Gebiete der reinen Physik und Chemie zwischen den bisher am meisten angewandten Temperaturen 18^0 und 20^0 schwanken. Für 18^0 liegt ein ungeheures Zahlenmaterial an physikochemischen Messungen der verschiedensten Stoffe vor. Indessen spricht gegen 18^0 der Umstand, daß diese Temperatur in Deutschland im Sommer meist nicht ohne künstliche Kühlung aufrechtzuerhalten ist; noch mehr gilt dies für die südlicher gelegenen Arbeitsstätten, die sich in immer steigender Zahl an genauen Messungen beteiligen. Da zudem die Elektrotechniker eine internationale Vereinbarung auf der Grundlage von 20^0 abgeschlossen haben, so empfiehlt es sich, dieser Wahl zu folgen.

Es versteht sich von selbst, daß sich der Physiker und Chemiker auch weiterhin bei wissenschaftlichen Forschungsarbeiten in den seltensten Fällen mit Messungen bei einer einzigen Temperatur begnügen wird, da er auch den Temperaturverlauf der betreffenden Werte zu ermitteln streben wird. Hierfür brauchen aber keine Vorschläge gemacht zu werden. Es genügt, wenn Messungen dieser Art jedenfalls unter anderm auch bei 20^0 vorgenommen werden, und wenn diese Temperatur bei praktischen Messungen, z. B. bei technischen Prüfungen, bei Analysen usw., allgemein angewandt wird.

Es versteht sich weiter von selbst, daß Fälle denkbar sind, in denen besondere Gründe für die Wahl anderer Temperaturen sprechen. Solche Fälle, in denen man die Bezugstemperaturen 0^0 und 4^0 sogar beibehalten muß, sind im dritten Absatz des Satzes aufgeführt.

Auch für die Begriffsbestimmung des Normalzustandes von Gasen für physikalische und chemische Zwecke wird man aus praktischen Gründen bei der Bezugstemperatur 0^0 bleiben, da vielbenutzte Formeln, Zahlenwerte und Tafeln sich auf die Bedingungen 0^0 und 760 mm Druck beziehen. Ein innerer Grund für die Bevorzugung der Temperatur 0^0 bei Gasen liegt aber nicht vor; es ist daher erforderlich, in allen Fällen, wo praktische Anwendungen der Gase in Frage kommen, besonders also für technische Zwecke, die Eigenschaften der Gase, wie Dichte, spezifische Wärme, Heizwert, für die Normaltemperatur 20^0 anzugeben, die der Anwendungstemperatur naheliegen wird; denn die einfache Benutzung der auf 0^0 bezogenen Werte für die gewöhnliche Arbeitstemperatur ohne Umrechnung würde zu mehr oder minder großen Ungenauigkeiten führen.

Satz 8. Feld und Fluß.

Angen.: 26. November 1921.
Bearb.: R. Richter, K. Sulzberger, K. W. Wagner.
Veröff.: ETZ 1914, S. 661; 1920, S. 422; 1921, S. 986; 1922, S. 375.
DIN 1321.

1. Den Raum, in welchem sich elektrische und magnetische Erscheinungen abspielen, bezeichnet man allgemein als elektromagnetisches Feld. Beschränkt sich die Betrachtung im besonderen auf die elektrischen oder auf die magnetischen Erscheinungen, so spricht man von einem elektrischen oder magnetischen Felde.

2. Das Integral der Normalkomponente eines Feldvektors über eine Fläche bezeichnet man als Fluß des Vektors durch die Fläche.

Im besonderen bezeichnet man das Integral der Normalkomponente der magnetischen Induktion über eine Fläche als Induktionsfluß und das Integral der Normalkomponente der dielektrischen Verschiebung über eine Fläche als Verschiebungsfluß.

3. Den Induktionsfluß durch eine von allen Windungen einer Spule umrandete Fläche bezeichnet man als Spulenfluß. Der Fluß durch die Fläche einer einzelnen Windung heißt Windungsfluß.

Erläuterungen.

In der Physik ist es üblich, das Raumgebiet, in welchem ein bestimmter physikalischer Zustand herrscht, der an jeder Stelle durch einen bestimmten Betrag und eine bestimmte Richtung definiert ist, als Vektorfeld zu bezeichnen. Wenn es sich um einen Raum handelt, in welchem sich elektrische und magnetische Erscheinungen abspielen, der physikalische Zustand an jeder Stelle des Raumes also durch einen elektrischen und einen magnetischen Vektor bestimmt ist, so spricht man von einem elektromagnetischen Felde. Entsprechend nennt man im besondern „elektrisches Feld" das Wirkungsgebiet des elektrischen Vektors und „magnetisches Feld" das Wirkungsgebiet des magnetischen Vektors. Wenn es zweifelsfrei ist, welches Feld gemeint ist, spricht man auch von dem Felde schlechtweg.

In vielen Fällen interessiert jedoch nicht die Verteilung des Feldvektors, sondern es genügt zu wissen, welchen Wert das Integral der Normalkomponente des Vektors über eine bestimmte Fläche hat, z. B. wenn es sich darum handelt, die elektromotorische Kraft zu bestimmen, die in einer Leiterschleife induziert wird. Sie ist nach dem Induktionsgesetz gleich der Änderungsgeschwindigkeit des Integrals der Normalkomponente der magnetischen Induktion durch eine Fläche, deren Randkurve die betrachtete Schleife ist. Dieses Flächenintegral des Feldvektors bezeichnet man als den Fluß durch die Fläche der Schleife.

Der Fluß ist ein Skalar. Hieraus ergibt sich, daß der Fluß durch eine bestimmte Fläche stets zahlenmäßig angegeben werden kann, während das Feld eines Vektors nur das Wirkungsgebiet bezeichnet, in welchem der Vektor vorherrscht.

In der Praxis handelt es sich häufig um die Berechnung der induzierten EMK in einer Spule. Dazu hat man nach dem Induktionsgesetz eine Fläche zu konstruieren, die von den sämtlichen Windungen der Spule sowie von der Linie umrandet wird, die die Enden der Spulenwicklung auf dem kürzesten Wege verbinden. Wie man sich eine derartige Fläche vorzustellen hat, ist von F. Emde gezeigt und durch ein Modell erläutert worden (Elektrotechnik und Maschinenbau, Heft 47, Wien 1912); den Fluß durch diese Fläche bezeichnet man als den Spulenfluß. Vor Aufstellung des vorliegenden Satzes wurde der Spulenfluß als Zahl der Kraftröhrenverkettungen oder Zahl der Kraftflußwindungen, zuweilen auch als Kraftlinienwindungszahl bezeichnet.

Häufig will man auch die in einer einzelnen Windung induzierte EMK berechnen. Hierzu braucht man nach dem Induktionsgesetz den Fluß durch eine Fläche, die von der Windung und der kürzesten Verbindungslinie ihrer Enden umrandet ist. Diesen Fluß nennt man den Windungsfluß.

Er kann wegen der Streuung der Induktionslinien für die verschiedenen Windungen einer Spule verschieden sein. Aber stets ist die Summe aller Windungsflüsse einer Spule gleich dem Spulenfluß. Sind im besonderen Falle die Windungsflüsse sämtlich einander gleich, so ist der Spulenfluß gleich dem Produkt aus dem Windungsfluß und der Windungszahl.

Satz 9. Masse und Gewicht[1].

Angen.: Okt. 1922.
Bearb.: M. Weber, Fr. Auerbach †, W. Jaeger.
Veröff.: ETZ 1914, S. 280; 1920, S. 422; 1923, S. 113.
DIN 1305.

1. Die Masse m eines Körpers als Maß seiner Trägheit oder seines Widerstandes gegen Beschleunigung ist gleich dem Quotienten der auf den Körper wirkenden Kraft P durch die von ihr erzeugte Beschleunigung b, also z. B. gleich dem Gewicht des Körpers, geteilt durch die Fallbeschleunigung bezogen auf den gleichen Ort.

$$m = \frac{P}{b}.$$

2. Die Schwerkraft eines Körpers an einem Ort ist die an diesem Ort auf ihn ausgeübte gesamte Massenanziehungskraft. Sie ist gleich dem Produkt der Masse m des Körpers und der Schwerbeschleunigung an dem Ort.

$$\text{Schwerkraft} = \text{Masse} \cdot \text{Schwerbeschleunigung}.$$

3. Das Gewicht eines Körpers an einem Ort der Erde ist die an diesem Ort auf den ruhenden Körper im luftleeren Raum wirkende Mittelkraft[2] aus der Schwerkraft und der gesamten durch die Drehung und Wanderung der Erde bedingten Scheinkraft. Das Gewicht ist gleich dem Produkt aus der Masse m des Körpers und der Fallbeschleunigung an dem Ort und ändert sich somit im gleichen Verhältnis wie die Fallbeschleunigung.

$$\text{Gewicht} = \text{Masse} \cdot \text{Fallbeschleunigung}.$$

4. Die Last eines Körpers ist die Kraft, die der ruhende Körper im lufterfüllten Raum auf die Wage ausübt. Die Last ist gleich dem Gewicht vermindert um den Betrag des Luftauftriebs.

$$\text{Last} = \text{Gewicht} - \text{Luftauftrieb}.$$

5. Das Sichtgewicht eines Körpers ist das auf einer Wage im lufterfüllten Raum unmittelbar abgesehene Gewicht, der Nennwert der Gewichtsstücke. Die Abweichung des Sichtgewichts von dem Gewicht des Körpers beruht auf dem Unterschiede des Auftriebs des Körpers und der Gewichtsstücke. Das Sichtgewicht ist mit der Dichte der Luft veränderlich.

6. Die Schwerbeschleunigung eines Körpers ist die ihm durch seine Schwerkraft erteilte Beschleunigung. Sie ändert sich daher mit dem Ort und mit der Zeit im gleichen Verhältnis wie die Schwerkraft.

$$\text{Schwerbeschleunigung} = \text{Schwerkraft}/\text{Masse}.$$

7. Die Fallbeschleunigung g eines Körpers ist die ihm durch sein Gewicht — also durch das Zusammenwirken von Schwerkraft und gesamter Scheinkraft — im luftleeren Raum erteilte Beschleunigung. Die Fallbeschleunigung ist gleich der geometrischen Summe aus der Schwerbeschleunigung und der Scheinkraftbeschleunigung und ändert sich mit dem Ort und mit der Zeit im gleichen Verhältnis wie das Gewicht des Körpers.

$$\text{Fallbeschleunigung} = \text{Gewicht}/\text{Masse}.$$

8. Als Normalwert der Fallbeschleunigung gilt $g = 980{,}665 \text{ cm/s}^2 = 9{,}80665 \text{ m/s}^2$. Häufig genügt es, für g die gerundeten Werte 9,81 oder 9,8 oder 10 m/s² je nach der verlangten Genauigkeit zu setzen.

Erläuterungen.

Der Satz 9 ist hervorgegangen aus dem Entwurf XIII, der zum erstenmal im Jahre 1914 veröffentlicht worden ist. Dieser enthielt in seiner ersten Fassung unter der Überschrift „Gewicht" nur zwei Sätze und lautete: „Der Ausdruck ‚Gewicht' bezeichnet eine Größe gleicher Natur wie eine Kraft; das Gewicht eines Körpers ist das Produkt seiner Masse in die Beschleunigung der Schwere".

Der Entwurf ist nach jahrelangen und mühevollen Verhandlungen, die schließlich in allen beteiligten Kreisen zu einer Einigung geführt haben, im Jahre 1923 durch den Satz 9 ersetzt worden.

Die im Vergleich zu der ersten Fassung sehr ausführlichen Begriffserklärungen der neuen Fassung entspringen nicht dem Bestreben, theoretische Verfeinerungen herauszuarbeiten, sondern der Notwendigkeit, gleichzeitig den Bedürfnissen der Praxis und der Wissenschaft gerecht zu werden und eine den tatsächlichen Verhältnissen entsprechende einheitliche und natürliche Grundlage für das physikalische und technische Maßsystem zu schaffen.

Vor allem wird unter Zugrundelegung der klassischen Mechanik deutlich zwischen dem Gewicht eines Körpers als einer Kraft und seiner Masse unterschieden.

---

[1] Gegen diesen Satz sind neuerdings Einwendungen erhoben worden. Er wird daher zur Zeit von neuem geprüft.
[2] = Resultierende.

Das Gewicht eines Körpers wird am sorgfältigsten durch eine Wägung, d. h. durch eine Messung mit der Hebelwage — am besten einer gleicharmigen — bestimmt. Daher sind bei Festlegung des Begriffs Gewicht die bei der Wägung tatsächlich bestehenden Verhältnisse zugrunde zu legen. Wird die Wägung, wie es wiederholt geschehen ist, unmittelbar im luftleeren Raum vorgenommen, so scheiden die beiderseitigen Auftriebskräfte der Luft aus, und es wirken auf jeden der beiden Vergleichskörper, den zu wägenden Körper und die Gewichtsstücke nur zwei Ursachen ein, die jedoch im Sinne der klassischen Mechanik Newtons grundverschieden sind:
1. die aus der Massenanziehung entspringende Schwerkraft und
2. die durch die Bewegung der Erde bedingte Scheinkraft.
Die Mittelkraft dieser beiden ist das meßbare Gewicht.

Die Schwerkraft des Körpers ist die bei der Wägung an ihm auftretende gesamte Massenanziehungskraft; sie rührt nicht nur von der Erde her, sondern auch von der Sonne, dem Monde und den anderen Himmelskörpern. Die Anziehung der Erde überragt bei weitem die von den anderen Massen ausgehende; doch sind die von Sonne und Mond hervorgerufenen Schwerewirkungen schon seit längerer Zeit in den Bereich der Messungen gerückt und im übrigen auch der unmittelbaren Anschauung, z. B. bei den Erscheinungen der Ebbe und Flut, zugänglich. Die Schwerkraft ändert sich mit dem Ort und der Zeit der Beobachtung. Für die meisten Fälle der Praxis genügt ein fester abgerundeter Wert.

Die Scheinkraft wird nach den Gesetzen der relativen Ruhe und Bewegung eines Körpers bezüglich der gegen den Fixsternhimmel beschleunigt bewegten Erde bestimmt. Die oben gegebene Erklärung des Begriffs Gewicht setzt einen auf der Erde ruhenden Körper voraus. Für diesen Fall relativer Ruhe ist die sog. „erste Scheinkraft" nach Größe und Richtung durch das Produkt aus der Masse des Körpers und dem Entgegengesetzten der Beschleunigung des Erdortes gegeben, wobei sich diese geometrisch aus den beiden Beschleunigungen zusammensetzt, welche der Drehung der Erde um ihre Achse und ihrer beschleunigten Bewegung relativ zum Fixsternhimmel entspringen. Die aus der Erddrehung sich ergebende Beschleunigung überwiegt bei weitem, und so genügt es in einfachen Fällen, die ihr entsprechende Scheinkraft, die Fliehkraft, allein in Rechnung zu stellen. Handelt es sich um einen auf der Erde bewegten Körper, so ist zu der ersten noch die „zweite Scheinkraft oder Corioliskraft" nach den Lehren der relativen Bewegung hinzuzufügen.

Alle diese an einem Körper angreifenden Massenanziehungs- und Scheinkräfte ergeben in ihrer Gesamtheit das Gewicht des Körpers, welches, wie jene beiden Kräfte, mit dem Ort und mit der Zeit veränderlich ist.

Die Verfeinerung der Messungen gestattet, die Gewichtswirkungen eines Körpers mit großer Genauigkeit zu bestimmen. Aber nicht nur die eben erörterten Kräfte und ihre Veränderungen sind der Messung zugänglich, sondern durch den Versuch ist auch festgestellt worden — was theoretisch längst bekannt war —, daß sich das Gewicht eines Körpers an einem Orte der Erde nicht, wie oben vorausgesetzt ist, durch eine Mittelkraft darstellen läßt, sondern durch zwei Vektoren, eine Kraft und gleichzeitig ein Kräftepaar, welche beide mit der Zeit veränderlich sind. In den meisten Fällen der Anwendung ist allerdings das Gewicht auch weiterhin durch eine einfache Mittelkraft darzustellen; dort aber, wo die beiden Vektoren des Gewichts selbst Gegenstand der Untersuchung sind, ist natürlich eine Verfeinerung des oben gegebenen Begriffs Gewicht in dem eben besprochenen Sinne nicht zu umgehen.

Mit der Wage können nicht nur die Gewichte, sondern auch die Schwerkräfte und die Massen zweier Körper miteinander verglichen werden. Die Wage in der Form eines doppelarmigen Hebels vergleicht auf Grund des Hebelsatzes zunächst nur die beiderseitigen Kraftmomente und bei Kenntnis der Hebelarme auch die Wagekräfte rechts und links, welche kurz als Lasten bezeichnet werden. Diese Lasten sind, wenn sich die Wage im lufterfüllten Raume befindet, Mittelkräfte, je zusammengesetzt aus der Schwerkraft, der Scheinkraft und dem Auftrieb. Wird das Ergebnis einer Wägung durch den unmittelbar abgelesenen Nennwert der Gewichtsstücke, also ohne Berücksichtigung der Auftriebe, ausgedrückt, so erhält man das Sichtgewicht des Körpers. Erst nach Berücksichtigung der im allgemeinen verschiedenen Auftriebskräfte rechts und links, also nach Zurückführung der Wägung auf den luftleeren Raum, sowie nach Berichtigung etwaiger Fehler der Wage und der Gewichtsstücke ergeben sich die beiderseitigen Gewichte, die somit trotz Gleichgewicht des Wagebalkens verschieden groß ausfallen. Nun erst können unter der besonderen Voraussetzung, daß die Fallbeschleunigungen g rechts und links gleich groß sind, auch die beiden Massen verglichen werden; andernfalls, bei Verschiedenheit von g, wie dies bei einzelnen wissenschaftlichen Versuchen künstlich herbeigeführt wird, ist noch eine besondere Umrechnung erforderlich. Sollen auch die der reinen Massenanziehung entsprechenden Schwerkräfte der beiden Körper ermittelt werden, so ist auf beiden Seiten je die Mittelkraft aus dem Gewicht und dem Entgegengesetzten der Scheinkraft zu bilden. Da letztere dem Gewicht gegenüber stets sehr klein ist, tritt in praktischen Rechnungen der Unterschied zwischen Gewicht und Schwerkraft meist nicht zutage.

Satz 10. Vektorzeichen.

Angen.: 13. Februar 1926.
Bearb.: F. Emde, F. Breisig, G. Hamel, E. Jahnke†, A. Korn, H. Reißner, R. Rothe, K. W. Wagner.
Veröff.: ETZ 1921, S. 659; 1923, S. 721; 1927, S. 748.
DIN 1303.

1. **Vektoren** werden mit (kleinen oder großen) Frakturbuchstaben bezeichnet: $\mathfrak{a}, \mathfrak{b}, \ldots \mathfrak{A}, \mathfrak{B}, \ldots$

Zusatz 1: In besonderen Fällen können Vektoren auch durch Überstreichen gekennzeichnet werden, z. B.: $\bar{r}, \bar{\omega}$.

Zusatz 2: Soll ein Vektor durch seinen Anfangspunkt A und seinen Endpunkt B dargestellt werden, so schreibt man $\overrightarrow{AB}$.

2. Der **Betrag** des Vektors $\mathfrak{A}$ wird mit $|\mathfrak{A}|$ bezeichnet; wo kein Mißverständnis zu befürchten ist, auch mit A.

3. Der zum Vektor $\mathfrak{A}$ gehörige **Einheitsvektor** wird mit $\mathfrak{A}^0$ bezeichnet: $\mathfrak{A} = |\mathfrak{A}|\mathfrak{A}^0$. In besonderen Fällen kann der Einheitsvektor auch mit dem entsprechenden kleinen deutschen Buchstaben bezeichnet werden: $\mathfrak{A} = |\mathfrak{A}|\mathfrak{a}$.

4. Zur Darstellung der **Vektorsummen und Vektordifferenzen** dienen die gewöhnlichen Plus- und Minuszeichen: $\mathfrak{A} + \mathfrak{B}, \mathfrak{A} - \mathfrak{B}$.

5. Das **skalare Produkt** zweier Vektoren wird dadurch bezeichnet, daß man die beiden Vektoren nebeneinander schreibt: $\mathfrak{AB}$. Nötigenfalls sind Vektorsummen, Vektordifferenzen und skalare Produkte in runde Klammern einzuschließen: $\mathfrak{A}(\mathfrak{B}+\mathfrak{C})$, $(\mathfrak{AB})\mathfrak{C}$. Skalare Faktoren können auch durch einen Punkt abgetrennt werden: $\mathfrak{AB}\cdot\mathfrak{C} = (\mathfrak{AB})\mathfrak{C}$.

Zusatz: $\mathfrak{A}^2$ bedeutet das skalare Produkt des Vektors $\mathfrak{A}$ mit sich selbst.

6. Das **Vektorprodukt** zweier Vektoren wird dadurch bezeichnet, daß man die beiden Vektoren nebeneinander schreibt und in eckige Klammern einschließt: $[\mathfrak{AB}]$, $[\mathfrak{A}(\mathfrak{B}+\mathfrak{C})]$.

Zusatz: Das Produkt $\mathfrak{A}[\mathfrak{BC}]$ kann durch $\mathfrak{ABC}$ bezeichnet werden.

7. Für den **Gradienten** des Skalars φ, für die **Divergenz** und den **Rotor** des Vektors $\mathfrak{A}$ werden die Bezeichnungen $\operatorname{grad}\varphi$, $\operatorname{div}\mathfrak{A}$, $\operatorname{rot}\mathfrak{A}$ benutzt.

Zusatz 1: Der Rotor des Rotors von $\mathfrak{A}$ wird mit $\operatorname{rot}\operatorname{rot}\mathfrak{A}$ bezeichnet.

Zusatz 2: Soll von dem skalaren Produkt $\mathfrak{AB}$ der Gradient gebildet, dabei aber nur $\mathfrak{A}$ als veränderlich, $\mathfrak{B}$ als konstant betrachtet werden, so wird dies durch $\operatorname{grad}_{\mathfrak{A}}(\mathfrak{AB})$ ausgedrückt.

8. Der **Hamiltonsche Operator** wird mit ∇ (sprich Nabla) bezeichnet. Wenn seine Anwendung auf Gradienten, Divergenzen, Rotoren führt, sind in den Rechnungsergebnissen die in 7. vorgeschlagenen Bezeichnungen zu bevorzugen, ∇^2 kann durch $\triangle$ ersetzt werden.

Zusatz: Wenn in $\nabla(\mathfrak{AB})$ nur der Vektor $\mathfrak{A}$ als veränderlich, $\mathfrak{B}$ als konstant betrachtet werden soll, so wird dies durch $\nabla_{\mathfrak{A}}(\mathfrak{AB})$ ausgedrückt; das gleiche gilt in entsprechenden Fällen bei anderen Produktbildungen mit ∇.

9. Die an **Unstetigkeitsflächen** (Sprungflächen) den Begriffen $\operatorname{grad}\varphi$, $\operatorname{div}\mathfrak{A}$ und $\operatorname{rot}\mathfrak{A}$ entsprechenden Differenzbildungen werden mit $\operatorname{Grad}\varphi$, $\operatorname{Div}\mathfrak{A}$, $\operatorname{Rot}\mathfrak{A}$ (große Anfangsbuchstaben) bezeichnet.

10. Die **Grundvektoren** (drei zueinander senkrechte Einheitsvektoren) werden mit $\mathfrak{i}$, $\mathfrak{j}$, $\mathfrak{k}$ bezeichnet.

11. Die **vektorische Projektion** eines Vektors $\mathfrak{A}$ auf einen anderen $\mathfrak{B}$ wird mit $\mathfrak{A}_{\mathfrak{B}}$, die vektorische Projektion auf eine Gerade x mit $\mathfrak{A}_x$ bezeichnet, dagegen die skalaren Komponenten in bezug auf ein rechtwinkliges Achsenkreuz mit
$$A_x,\ A_y,\ A_z.$$

Wenn die Richtungen von $\mathfrak{i}$, $\mathfrak{j}$, $\mathfrak{k}$ mit denen der Achsen x, y, z übereinstimmen, so ist

$$\mathfrak{A}_x = A_x\mathfrak{i} \qquad \mathfrak{A}_y = A_y\mathfrak{j} \qquad \mathfrak{A}_z = A_z\mathfrak{k}$$
$$\mathfrak{A}_x = \mathfrak{A}_x + \mathfrak{A}_y + \mathfrak{A}_z = A_x\mathfrak{i} + A_y\mathfrak{j} + A_z\mathfrak{k}.$$

Zusatz: In besonderen Fällen können die skalaren Komponenten auch mit anderen passend gewählten lateinischen oder griechischen Buchstaben bezeichnet werden:

$$\mathfrak{r} = x\mathfrak{i} + y\mathfrak{j} + z\mathfrak{k} \qquad \bar{\omega} = p\mathfrak{i} + q\mathfrak{j} + r\mathfrak{k}.$$

Erläuterungen.

Allgemeines. Bei der Auswahl der Bezeichnungen der Vektoranalysis war in erster Linie die Rücksicht auf ihre Anwendung in der Geometrie, Mechanik, Physik und Technik maßgebend. Die vorgeschlagenen Bezeichnungen stimmen in der Mehrzahl mit denen überein, die sich auf diesen Gebieten in Deutschland in den letzten 25 Jahren am meisten verbreitet haben.

Um den Gegenstand nicht allzusehr und über die genannten Bedürfnisse hinaus anwachsen zu lassen, wurde nur die eigentliche Analysis reeller Vektoren des gewöhnlichen dreidimensionalen Raumes berücksichtigt.

In einigen Fällen, wo in den Anwendungsgebieten eine besondere Bezeichnungsweise gebräuchlich ist, wurde diese neben der allgemeinen zugelassen. Neue Bezeichnungen werden nicht vorgeschlagen, mit Ausnahme der Bezeichnung für den Einheitsvektor.

Grundsätzlich wurde es vermieden, auf die den Bezeichnungen zugrunde liegenden Begriffe einzugehen oder dafür Definitionen aufzustellen; denn dies war nicht die Aufgabe des Ausschusses und hätte überdies in manchen Fällen zur Erörterung von Fragen geführt, die der eigentlichen Vektoranalysis fremd sind. Hierhin gehört, um nur ein Beispiel anzuführen, die Entscheidung über die Wahl des rechtswendigen oder linkswendigen Achsenkreuzes.

Die Regeln der eigentlichen Vektoranalysis haben einen invarianten, d. h. von der Wahl eines Koordinatensystems unabhängigen Charakter; daher kann man die Vektoranalysis aufbauen, ohne von der Zerlegung eines Vektors in Komponenten Gebrauch zu machen. Diese für die ganze Vektoranalysis grundlegende Tatsache kommt in dem Entwurf dadurch zum Ausdruck, daß von der Komponentenzerlegung erst am Schlusse die Rede ist.

Zu 1. Die Bezeichnung der Vektoren durch Frakturbuchstaben nach dem Vorbilde Maxwells ist jetzt in Deutschland die bei weitem gebräuchlichste geworden. Sie ist auch in Schrift und Druck bequem. Fette lateinische Druckbuchstaben, die ebenfalls häufig angewendet werden, sind zwar im Druck brauchbar, können aber schriftlich nicht einfach genug wiedergegeben werden. Die Bezeichnung durch überstrichene Buchstaben nach dem Vorgange Resals und Heuns auch im Druck eignet sich für manche besondere Zwecke, z. B. dann, wenn für den Betrag eines Vektors ein bestimmter Buchstabe im Gebrauch ist, durch dessen Überstreichen man bequem den Vektor selbst bezeichnen kann. Beispiele sind der Radiusvektor $\bar{r}$ von der Länge r, die Winkelgeschwindigkeit $\bar{\omega}$ vom Betrage ω. Jegliche Beschränkung in der Wahl der Buchstaben fällt dann weg. Solchen Fällen soll der Zusatz 1 Rechnung tragen. Bei Anwendungen auf die Mechanik ist es manchmal zweckmäßig, einen Vektor von bestimmter Lage durch einen Anfangs- und Endpunkt zu bezeichnen; für solche Fälle dient die im Zusatz 2 vorgeschlagene Bezeichnung.

Zu 2. Das Weierstraßsche Zeichen $|\mathfrak{A}|$ für den Betrag dürfte vor dem ebenfalls oft gebrauchten Cauchyschen Zeichen $\operatorname{mod}\mathfrak{A}$ schon der Kürze wegen den Vorzug verdienen.

Zu 3. Für den zum Vektor $\mathfrak{A}$ gehörigen Einheitsvektor sind die verschiedenartigsten Bezeichnungen angewendet worden: $\mathfrak{A}_0$, $\mathfrak{A}_1$, $\mathfrak{A}_I$, $\mathfrak{a}$, $1\mathfrak{a}$, ohne daß man sagen könnte, daß eine von ihnen bevorzugt würde. Die hier vorgeschlagene neue Bezeichnung durch einen oberen Index Null $\mathfrak{A}^0$ (sprich $\mathfrak{A}$ hoch Null) soll an die Potenz mit dem Exponenten Null erinnern, die bei Skalaren ohnehin die Einheit bedeutet. Zu Verwechslungen dürfte diese Bezeichnung kaum Anlaß bieten, da über die Potenzen eines Vektors keine Definitionen vorhanden sind, außer für das Quadrat (vgl. 5, Zusatz). In der Geometrie, wo häufig ausschließlich von Einheitsvektoren die Rede ist, erübrigt sich ein besonderer Index; dann mögen aber die kleinen deutschen Buchstaben bevorzugt werden. Beispiele: die Grundvektoren $\mathfrak{i}$, $\mathfrak{j}$, $\mathfrak{k}$ (vgl. 10), der Einheitsvektor einer Flächennormale $\mathfrak{n}$, einer Kurventangente $\mathfrak{t}$ u. a. m.

Zu 4. Für die Vektoraddition und -subtraktion besondere Zeichen zu benutzen, ist überflüssig. Die Bezeichnung $a \dotplus b$ für die Summe zweier Vektoren mit den Beträgen a und b ist zu verwerfen, weil sie den Anschein erweckt, als käme es nur auf die Länge der aneinander zu fügenden Vektoren an, oder als handle es sich dabei um eine besondere Art der Addition von Zahlen. Auch wird bei dieser Bezeichnung übersehen, daß das kennzeichnende Merkmal an den Vektoren, nicht an dem Additionszeichen anzubringen ist.

Zu 5. Die runden Klammern dienen also hier zur Zusammenfassung, wie es in der skalaren Algebra üblich ist; die eckigen Klammern sind jedoch für diesen Zweck niemals zu benutzen, da sie ausschließlich zur Bezeichnung des Vektorproduktes (vgl. 6) zu dienen haben.

In dem Ausdruck $\mathfrak{A}\mathfrak{B} \cdot \mathfrak{C}$ tritt durch den Gebrauch des Punktes die Trennung des skalaren Teiles dieses Produktes vom vektoriellen Teile schärfer hervor; in manchen Fällen wird dies zweckmäßig sein. Beispiel: Die Projektion des Vektors $\mathfrak{B}$ auf den Vektor $\mathfrak{A}$ ist der zu $\mathfrak{A}$ parallele Vektor $\frac{\mathfrak{A}\mathfrak{B}}{\mathfrak{A}^2} \cdot \mathfrak{A}$.

Die Bezeichnung der Multiplikationen, sowohl der skalaren als auch der vektoriellen, durch besondere Verknüpfungszeichen $\mathfrak{A} \cdot \mathfrak{B}$, $\mathfrak{A} \times \mathfrak{B}$, $\mathfrak{A} \wedge \mathfrak{B}$ usw. konnte nicht empfohlen werden; denn wirklich eingebürgert hat sich keine von ihnen, ebensowenig wie die aus der Hamiltonschen Quaternionentheorie übernommenen Zeichen $S\mathfrak{A}\mathfrak{B}$ und $V\mathfrak{A}\mathfrak{B}$. Manche, wie z. B. $\mathfrak{A} \times \mathfrak{B}$ sind sowohl für die skalare, als auch für die vektorielle Multiplikation benutzt worden, so daß hier eine gewisse Verwirrung entstanden ist. Hierzu kommt, daß in der gewöhnlichen Algebra ein Multiplikationszeichen nur noch angewendet wird, um einen Faktor besonders abzuspalten oder eine Trennung eines Produktes in Faktoren auszudrücken. Bei der skalaren Multiplikation zumal, wo die beiden Faktoren vertauschbar sind, konnte man daher unbedenklich die einfache Schreibweise der skalaren Algebra übernehmen und jedes Verknüpfungszeichen weglassen. Über den Punkt als Trennungszeichen siehe oben.

Die zur Bezeichnung der skalaren Multiplikation oft angewendete runde Klammer wird hier ebenfalls zugelassen, dient jedoch nicht als Operationszeichen, sondern, wie es in der skalaren Algebra üblich ist, zur Zusammenfassung und kann daher auch bei der Addition und Subtraktion verwendet werden.

Zu 6. Die eckige Klammer für das Vektorprodukt soll, der Einheitlichkeit wegen, auch dann benutzt werden, wenn die Vektoren durch überstrichene Buchstaben bezeichnet sind: $[\overline{r}\,\overline{\omega}]$. Die Bezeichnung des Skalars $\mathfrak{A}[\mathfrak{B}\mathfrak{C}]$ durch $\mathfrak{A}\mathfrak{B}\mathfrak{C}$ ist sehr verbreitet und empfiehlt sich in vielen Fällen aus folgendem Grunde. Dieses Produkt bedeutet bekanntlich den Inhalt des aus den drei Vektoren gebildeten Spates; die Bezeichnung $\mathfrak{A}\mathfrak{B}\mathfrak{C}$ bevorzugt keinen der drei Vektoren und bringt dadurch zum Ausdruck, daß dieses Volumen davon unabhängig ist, welche zwei von den drei Vektoren die Grundfläche bilden. Es ist $\mathfrak{A}\mathfrak{B}\mathfrak{C} = \mathfrak{B}\mathfrak{C}\mathfrak{A} = \mathfrak{C}\mathfrak{A}\mathfrak{B}$. Der in 5 gegebenen Anweisung zufolge ist in Zweifelsfällen ($\mathfrak{A}\mathfrak{B}\mathfrak{C}$) zu schreiben: ($\mathfrak{A}\mathfrak{B}\mathfrak{C})\mathfrak{D} = \mathfrak{A}\mathfrak{B}\mathfrak{C} \cdot \mathfrak{D}$.

Zu 7. Die Bezeichnung grad ist leider in zweierlei Bedeutungen im Gebrauch. Erstens in der ursprünglichen Bedeutung in Verbindung ausschließlich mit einem Skalar φ zur Bezeichnung des Vektors (Gradienten), dessen Richtung senkrecht zu den Schichtflächen $\varphi = $ const. steht und meistens (anders in der Meteorologie) im Sinne zunehmender Werte von φ verläuft und dessen Betrag gleich der größten absoluten Änderung von φ ist. Zweitens wird grad in übertragener Bedeutung als symbolischer Vektor der Differentiation synonym mit dem Hamiltonschen Operator ∇ gebraucht. Es erschien nützlich, die Bezeichnung grad ausschließlich für den ersten ursprünglichen Fall beizubehalten, der bei weitem am häufigsten vorkommt und den in der Physik, Technik, Meteorologie usw. üblichen Gewohnheiten am meisten entspricht. Für den allgemeineren zweiten Fall genügt überdies völlig die Bezeichnung ∇.

Die Bezeichnung rot hat ja jetzt die vor einigen Jahren von vielen bevorzugte englische curl so überflügelt, daß sie schon aus diesem Grunde beibehalten worden ist. Es dürfte sich empfehlen, im Druck die Abkürzungen grad, div, rot mit steilen lateinischen Buchstaben (Antiqua) zu setzen.

Es ist oft $\text{rot}^2 \mathfrak{A}$ statt rot rot $\mathfrak{A}$ geschrieben worden, aber mögliche Verwechslungen in Anlehnung an $\sin^2 \alpha = (\sin \alpha)^2$, z. B. mit $(\text{rot}\,\mathfrak{A})^2 = |\,\text{rot}\,\mathfrak{A}\,|^2$ lassen es angebracht erscheinen, die ausführliche Bezeichnung für die abermalige Anwendung des Rotors ausdrücklich beizubehalten. Die Bezeichnung $\text{grad}_{\mathfrak{A}} (\mathfrak{A}\mathfrak{B})$ entspricht etwa der partiellen Differentiation nach dem variablen Vektor $\mathfrak{A}$. Man pflegt jetzt allgemein die partielle Ableitung einer Funktion $f(x, y)$ nach der Veränderlichen x mit f_x zu bezeichnen.

Zu 8. Es ist einstweilen davon abgesehen worden, Vorschläge für den Gebrauch des Operators ∇ zu machen, die über seine Verwendung in den einfachsten Fällen hinausgehen. Bei dem folgerichtigen Gebrauch des Zeichens ∇ als Vektor nach den Regeln der Vektoranalysis entstehen bekanntlich eigentümliche Schwierigkeiten, die darauf beruhen, daß der Operator ∇ nicht nur als Vektor, sondern auch als Differentiator auf die mit ihm verbundenen Skalare und Vektoren einwirkt. In dieser Beziehung gehen aber die Gebräuche der einzelnen Autoren zum Teil noch sehr weit auseinander.

Zwar wird mit wenigen Ausnahmen aus der skalaren Differentialrechnung die Regel übernommen, daß ∇ als Differentiator nicht auf die links von ihm befindlichen Skalare oder Vektoren einwirkt. Daraus ergibt sich für den Vektor ∇, daß weder für die skalare Multiplikation das kommutative, noch für die vektorielle das antikommutative Gesetz gilt, daß vielmehr in jedem Falle die Stellung des Vektors ∇ als Faktor in einem Produkt beizubehalten ist.

Aber es ist nun weiter die Frage, soll der Differentiator ∇, wie es entsprechend in der gewöhnlichen Differentialrechnung üblich ist, nur auf den unmittelbar rechts auf ihn folgenden Faktor einwirken oder auf die sämtlichen rechts auf ihn folgenden und mit ihm multiplikativ verbundenen Faktoren? Beide Festsetzungen sind verfochten worden.

Im ersten Falle wird es erforderlich sein, einen aus mehreren Faktoren zusammengesetzten Ausdruck, auf den ∇ als Differentiator wirken soll, durch eine besondere Klammer zusammenzufassen; diese darf aber zu Verwechslungen mit den Klammern der skalaren und der vektoriellen Multiplikation keinen Anlaß geben. Ferner ergibt sich alsdann die ungewohnte Erscheinung, daß die Klammern nicht nur ineinandergeschachtelt, sondern auch verkettet auftreten können.

Im zweiten Falle muß man ein besonderes Zeichen einführen, durch das diejenigen rechts auf ∇ folgenden Faktoren gekennzeichnet werden, auf die ∇ nicht differentiierend einwirken soll. Aber ein solches Zeichen reicht besonders bei wiederholter Anwendung der ∇-Operation nicht immer aus. In einfachen Fällen genügt dafür die Andeutung der partiellen Differentiation durch den als Index an ∇ angefügten variablen Vektor (s. Zusatz), auf den ∇ differentiierend wirken soll. Häufig gelingt es auch, durch Anwendung der Multiplikationsregeln diejenigen rechts von ∇ stehenden Faktoren, auf die ∇ nicht einwirken soll, auf die linke Seite von ∇ zu schaffen. Der Operator ∇ soll nur auf solche Größen angewendet werden, die von nicht mehr als e i n e m Ortsvektor abhängen.

Zusammenfassend kann man also sagen: es ist in den einfachsten Fällen, nötigenfalls durch Anwendung des ohnehin erforderlichen Zeichens der partiellen Differentiation ∇_a und durch Umformung der Produkte, möglich, ohne Anwendung von neuen Klammern und Zeichen auszukommen, falls man die Regel festsetzt, daß der symbolische Vektor ∇ als Differentiator auf alle rechts von ihm stehenden Faktoren wirken soll, dagegen auf keinen links von ihm stehenden. Einige Beispiele mögen das klarer machen.

$$\nabla \varphi \mathfrak{A} = \varphi \operatorname{div} \mathfrak{A} + \mathfrak{A} \operatorname{grad} \varphi, \text{ verschieden von } \mathfrak{A} \nabla \varphi$$
$$= \mathfrak{A} \operatorname{grad} \varphi;$$
$$[\nabla \varphi \mathfrak{A}] = \varphi \operatorname{rot} \mathfrak{A} + [\operatorname{grad} \varphi \mathfrak{A}], \text{ verschieden von } \varphi [\nabla \mathfrak{A}]$$
$$= \varphi \operatorname{rot} \mathfrak{A};$$
$$\nabla(\nabla \mathfrak{A}) = \operatorname{grad} \operatorname{div} \mathfrak{A}; \quad (\nabla \nabla) \mathfrak{A} = \nabla^2 \mathfrak{A} = \triangle \mathfrak{A};$$
$$\nabla(\mathfrak{A} \mathfrak{B}) = \operatorname{grad}(\mathfrak{A} \mathfrak{B}) = (\mathfrak{A} \nabla) \mathfrak{B} + (\mathfrak{B} \nabla) \mathfrak{A} + [\mathfrak{B} \operatorname{rot} \mathfrak{A}]$$
$$+ [\mathfrak{A} \operatorname{rot} \mathfrak{B}] = \nabla_\mathfrak{A}(\mathfrak{A} \mathfrak{B}) + \nabla_\mathfrak{B}(\mathfrak{A} \mathfrak{B});$$
$$\nabla[\mathfrak{A} \mathfrak{B}] = \operatorname{div}[\mathfrak{A} \mathfrak{B}] = \mathfrak{B} \operatorname{rot} \mathfrak{A} - \mathfrak{A} \operatorname{rot} \mathfrak{B}$$
$$= [\nabla_\mathfrak{A} \mathfrak{A}] \mathfrak{B} - [\nabla_\mathfrak{B} \mathfrak{B}] \mathfrak{A} = \mathfrak{B}[\nabla \mathfrak{A}] - \mathfrak{A}[\nabla \mathfrak{B}]$$
$$= \nabla_\mathfrak{A}[\mathfrak{A} \mathfrak{B}] + \nabla_\mathfrak{B}[\mathfrak{A} \mathfrak{B}];$$
$$[\nabla \mathfrak{A}][\nabla \mathfrak{B}] = [\nabla \mathfrak{A}] \operatorname{rot} \mathfrak{B} = \nabla \cdot [\mathfrak{A} \operatorname{rot} \mathfrak{B}] = \operatorname{div}[\mathfrak{A} \operatorname{rot} \mathfrak{B}]$$
$$= \operatorname{rot} \mathfrak{A} \operatorname{rot} \mathfrak{B} - \mathfrak{A} \operatorname{rot} \operatorname{rot} \mathfrak{B};$$
$$[\nabla_\mathfrak{A} \mathfrak{A}][\nabla \mathfrak{B}] = [\nabla_\mathfrak{B} \mathfrak{B}][\nabla \mathfrak{A}] = \operatorname{rot} \mathfrak{A} \operatorname{rot} \mathfrak{B}.$$

$\nabla^2 \varphi$ ist mit $\triangle \varphi = \dfrac{\partial^2 \varphi}{\partial x^2} + \dfrac{\partial^2 \varphi}{\partial y^2} + \dfrac{\partial^2 \varphi}{\partial z^2}$ identisch; diese ursprünglich nur auf Skalare angewendete Bezeichnung wird oftmals auch bei Vektoren gebraucht: $\nabla^2 \mathfrak{A} = \triangle \mathfrak{A}$.

Den Vektor $(\mathfrak{A} \nabla) \mathfrak{B} = \mathfrak{A} \nabla \cdot \mathfrak{B}$, der die Ableitung des Vektors $\mathfrak{B}$ in der Richtung des Vektors $\mathfrak{A}$, multipliziert mit dem Betrage $|\mathfrak{A}|$ darstellt, mit $(\mathfrak{A} \operatorname{grad}) \mathfrak{B}$ zu bezeichnen, ist zwar bei manchen Autoren üblich, entspricht aber nicht der oben über die Bezeichnung grad gemachten Einschränkung. Die Bezeichnung $(\mathfrak{A} \operatorname{grad}) \mathfrak{B}$ ist daher nicht zu empfehlen.

Zu 9. Für manche Anwendungen der Potentialtheorie und der Elektrizitätslehre ist es zweckmäßig, neben dem Differentialoperator ∇ auch den entsprechenden Differenzenoperator einzuführen und daher auch die an Unstetigkeitsflächen (Sprungflächen) auftretenden, den Größen grad φ, div $\mathfrak{A}$, rot $\mathfrak{A}$ entsprechenden Differenzenbildungen. Von den dafür vorgeschlagenen Bezeichnungen deutet leider keine die besondere Eigenschaft der Differenzenbildung an.

Zu 11. Wenn ein Vektor $\mathfrak{A}$ auf die drei Geraden x, y, z, die zueinander rechtwinklig seien, aber zunächst noch nicht gerichtet zu sein brauchen, projiziert wird, so entstehen drei neue Vektoren $\mathfrak{A}_x, \mathfrak{A}_y, \mathfrak{A}_z$, die vektoriellen Komponenten von $\mathfrak{A}$, deren Summe der Vektor $\mathfrak{A}$ ist. Sind weiter x, y, z zueinander rechtwinklige gerichtete Achsen und ist $A_x = + |\mathfrak{A}_x|$, wenn die x-Achse und die Achse des Vektors $\mathfrak{A}_x$ gleich gerichtet sind, dagegen $A_x = -|\mathfrak{A}_x|$, wenn die beiden Achsen zueinander entgegengesetzt gerichtet sind, so heißt A_x die skalare Komponente des Vektors $\mathfrak{A}$ in bezug auf die x-Achse. Entsprechendes gilt für die skalaren Komponenten A_y, A_z. Es ist wesentlich, diesen nicht immer scharf auseinandergehaltenen Unterschied auch durch die Bezeichnung festzuhalten: die vektoriellen Komponenten ($\mathfrak{A}_x, \mathfrak{A}_y, \mathfrak{A}_z$) durch den mit Index versehenen Vektor, im Gegensatz zu den skalaren Komponenten (A_x, A_y, A_z), für die keine deutschen Buchstaben zu benutzen sind. Wenn von den drei Komponenten einer Kraft, einer Geschwindigkeit, einer Feldstärke schlechthin die Rede ist, werden in der Regel die skalaren Komponenten gemeint, die vektoriellen dagegen z. B. bei der Zerlegung einer Beschleunigung in ihre Tangential- und Normalkomponente. Unter $[\mathfrak{A} \mathfrak{B}]_x$ ist also folgerichtig der Vektor zu verstehen, der durch die Projektion des Vektors $[\mathfrak{A} \mathfrak{B}]$ auf die Gerade x entsteht, d. h. die eine vektorielle Komponente des Vektors $[\mathfrak{A} \mathfrak{B}]$. Die skalare Komponente von $[\mathfrak{A} \mathfrak{B}]$ auf die gerichtete x-Achse oder auf die Richtung des Grundvektors $\mathfrak{i}$ ist gleich $[\mathfrak{A} \mathfrak{B}]_x \mathfrak{i} = [\mathfrak{A} \mathfrak{B}] \mathfrak{i} = \mathfrak{A} \mathfrak{B} \mathfrak{i}$. Die skalaren Komponenten eines Radiusvektors $\mathfrak{r}$ sind die Koordinaten seines Endpunktes x, y, z; ebenso sind p, q, r die skalaren Komponenten einer Winkelgeschwindigkeit ϖ vom Betrage $\omega = \sqrt{p^2 + q^2 + r^2}$.

Satz 11.
Drehung, Schraubung, Winkel, rechts- und linkswendiges Koordinatensystem.

Angen.: 13. Februar 1926.
Bearb.: R. Rothe, F. Emde, G. Hamel, K. W. Wagner.
Veröff.: ETZ 1922, S. 403; 1923, S. 721.
DIN 1312.

I. Drehungssinn, Winkel, rechts- und linkswendiges Koordinatensystem in der Ebene.

Unter „Ebene" soll in diesem Abschnitt I die eine Seite einer Ebene, z. B. die Vorderseite einer Tafelebene oder Bildseite einer Zeichenebene oder das Zifferblatt einer Uhr verstanden werden.

1. Drehungssinn in der Ebene.

Der dem Lauf des Uhrzeigers entgegengesetzte Drehungssinn in einer Ebene soll als der positive Drehungssinn in dieser Ebene bezeichnet werden.

2. Winkel zweier gerichteter Geraden in der Ebene.

Unter dem Winkel $\sphericalangle xy$ zweier nicht paralleler, nicht zusammenfallender gerichteter Geraden (Achsen, Speere) derselben Ebene, von denen die eine als erste (x-) Achse, die andere als zweite (y-) Achse bezeichnet werde, soll der Winkel verstanden werden, durch den die positive Richtung der x-Achse im positiven Drehungssinn um den Schnittpunkt beider Achsen in die positive Richtung der y-Achse übergeführt wird. Dieser Winkel ist nur bis auf das Vielfache eines vollen Umlaufes bestimmt.

3. Rechtswendiges und linkswendiges Koordinatensystem in der Ebene.

Eine x-Achse und eine y-Achse mit den in 1, 2 bezeichneten Eigenschaften bilden ein rechtswendiges (positives) bzw. linkswendiges (negatives) Koordinatensystem (Rechtssystem bzw. Linkssystem) in der Ebene, wenn der innerhalb eines Umlaufes gemessene Winkel $\sphericalangle xy$ kleiner bzw. größer als ein gestreckter Winkel ist.

Durch bloße Bewegung in der Ebene ist es nicht möglich, ein Rechtssystem mit einem Linkssystem gleichsinnig zur Deckung zu bringen.

II. Schraubungssinn, Winkel, rechts- und linkswendiges Koordinatensystem im Raume.

Unter einer Ebene soll in diesem Abschnitt eine zweiseitige Ebene des Raumes (Blatt, Scheibe) verstanden werden. Von einer mit irgendeinem Drehungssinn behafteten Ebene (gerichteten Ebene) soll die eine Seite als die positive, die andere als die negative bezeichnet werden, je nachdem auf dieser Seite der Drehungssinn der Ebene als der positive oder als der negative Drehungssinn im Sinne von I, 1 erscheint.

Satz 11. Drehung, Schraubung, Winkel, rechts- und linkswendiges Koordinatensystem.

4. Schraubung.

Durch gleichzeitige Drehung einer Ebene und Verschiebung längs einer die Ebene schneidenden, ihr nicht parallelen und ihr nicht angehörenden Geraden entsteht eine Schraubung.

Hierbei ist der Schraubungsinn und die Fortschreitungsrichtung der Schraubung zu unterscheiden.

a) Schraubungsinn.

Der Drehungsinn einer gerichteten Ebene und der Richtungsinn einer sie schneidenden gerichteten Geraden bestimmen einen positiven (rechtswendigen) Schraubungsinn, wenn die positive Richtung der Geraden auf der positiven Seite der Ebene (und daher die negative Richtung der Geraden auf der negativen Seite der Ebene) gelegen ist. Sie bestimmen einen negativen (linkswendigen) Schraubungsinn, wenn die positive Richtung der Geraden auf der negativen Seite der Ebene (und daher die negative Richtung der Geraden auf der positiven Seite der Ebene) gelegen ist.

Der Schraubungsinn ändert sich nicht, wenn sowohl der Drehungsinn der Ebene als auch der Richtungsinn der Geraden umgekehrt werden. Dagegen wechselt der Schraubungsinn, wenn entweder der Drehungsinn der Ebene oder der Richtungsinn der Geraden umgekehrt wird.

b) Fortschreitungsrichtung der Schraubung.

Durch gleichzeitige Drehung einer gerichteten Ebene in ihrem Drehungsinn und Verschiebung längs einer sie schneidenden gerichteten Geraden in deren Richtungsinn entsteht eine Vorwärtsschraubung; wenn sowohl die Drehung der Ebene als auch die Verschiebung längs der Geraden im entgegengesetzten Sinne erfolgen, entsteht eine Rückwärtsschraubung. Diese Festsetzungen beziehen sich sowohl auf eine rechtswendige als auch auf eine linkswendige Schraubung: Rechtsschraubung vorwärts und rückwärts, Linksschraubung vorwärts und rückwärts.

Der Korkzieher und die gewöhnlichen käuflichen Schrauben haben einen positiven Schraubungsinn sowohl beim Vorwärtsschrauben, worunter etwa das Hineinschrauben in den Kork oder das Material oder in die festgehaltene Mutter zu verstehen ist, als auch beim Rückwärtsschrauben.

5. Winkel zweier gerichteter Geraden.

Unter dem Winkel $\sphericalangle xy$ zweier nicht paralleler, nicht zusammenfallender sich schneidender gerichteter Geraden im Raume, von denen die eine als die x-Achse, die andere als die y-Achse in dieser Reihenfolge festgelegt ist, soll der kleinste Winkel verstanden werden, durch den die positive Richtung der x-Achse in die positive Richtung der y-Achse übergeführt wird.

6. Rechtswendiges und linkswendiges Koordinatensystem im Raume.

Drei gerichtete Geraden, die durch denselben Punkt gehen, aber nicht in derselben Ebene gelegen sind, und deren Reihenfolge durch die Bezeichnung als x-Achse, y-Achse, z-Achse bestimmt ist, bilden ein rechtswendiges (positives) Koordinatensystem (Rechtssystem) oder ein linkswendiges (negatives) Koordinatensystem (Linkssystem), je nachdem die durch den Drehungsinn des Winkels $\sphericalangle xy$ gerichtete xy-Ebene zusammen mit der gerichteten z-Achse einen positiven oder einen negativen Schraubungsinn ergibt.

In einem Rechtssystem entsteht durch Drehung der xy-Ebene in dem Sinne, daß dabei die positive x-Achse durch den kleinsten Winkel in die positive y-Achse übergeführt wird, und gleichzeitige Verschiebung im Richtungsinn der positiven z-Achse eine Rechtsschraubung vorwärts.

Bei Vertauschung der Reihenfolge zweier Achsen ändert sich der Schraubungsinn eines Koordinatensystems.

Durch bloße Bewegung ist es nicht möglich, ein Rechtssystem mit einem Linkssystem gleichsinnig zur Deckung zu bringen.

Daumen, Zeigefinger und Mittelfinger der rechten Hand bilden, in die Richtung der x-, y- und z-Achse eingestellt, ein rechtswendiges Koordinatensystem.

Wenn bei Gebrauch eines zwei- oder dreiachsigen Koordinatensystems nicht das Gegenteil ausdrücklich hervorgehoben wird, soll stets ein rechtswendiges System gemeint sein.

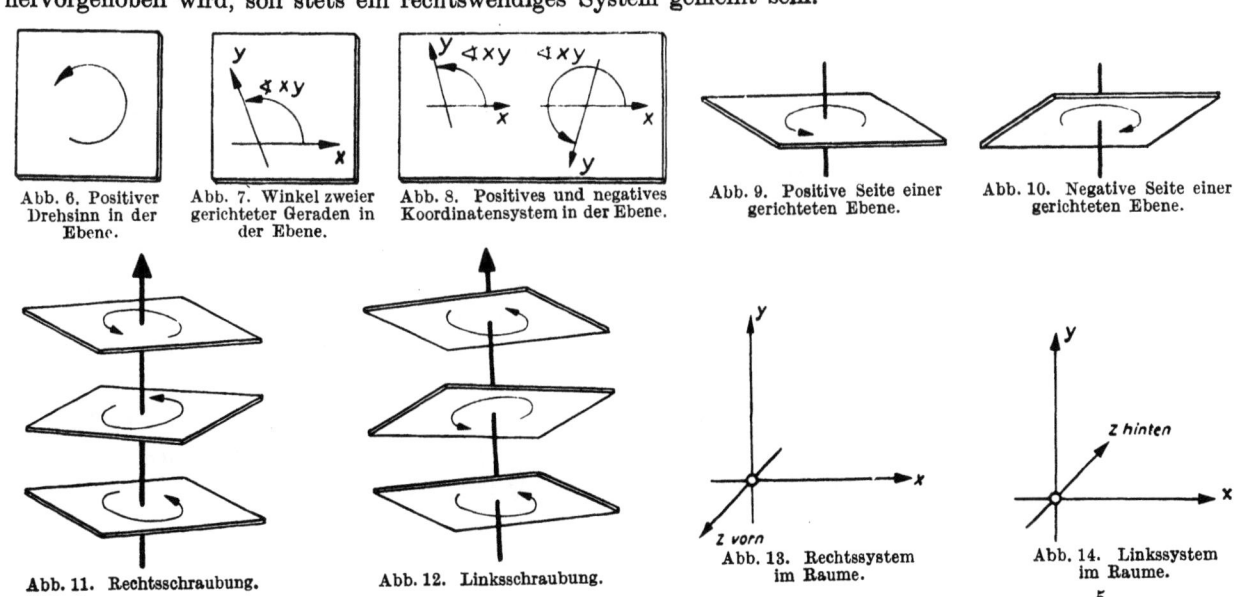

Abb. 6. Positiver Drehsinn in der Ebene.

Abb. 7. Winkel zweier gerichteter Geraden in der Ebene.

Abb. 8. Positives und negatives Koordinatensystem in der Ebene.

Abb. 9. Positive Seite einer gerichteten Ebene.

Abb. 10. Negative Seite einer gerichteten Ebene.

Abb. 11. Rechtsschraubung.

Abb. 12. Linksschraubung.

Abb. 13. Rechtssystem im Raume.

Abb. 14. Linkssystem im Raume.

Erläuterungen.

Begrifflich sind Rechtssysteme und Linkssysteme gleichberechtigt. Für die Frage, welche Art als grundlegend gewählt werden soll, kommt nur in Betracht, welche Wahl die genehmste und gebräuchlichste ist. Die Astronomen kennen nur Rechtssysteme, die Mathematiker, Physiker und Ingenieure legen teilweise Rechtssysteme, teilweise Linkssysteme ihren Untersuchungen zugrunde; doch ist die Mehrheit zweifellos für die Zugrundelegung von Rechtssystemen, im besonderen in den deutschsprechenden Ländern und in England.

Die Bedeutung einer bestimmten Festsetzung ergibt sich daraus, daß sich in vielen Formeln, welche eine Drehung mit einer Verschiebung oder (dem Stokesschen Satze entsprechend) ein Flächenintegral mit einem Randintegral verknüpfen, gewisse Vorzeichen umkehren, wenn man von einem Rechtssystem zu einem Linkssystem übergeht oder umgekehrt.

Das Wort „Rechtssystem", das im gleichen Sinne schon sehr gebräuchlich ist, ist mit einer Anlehnung an das Wort „Rechtsschraubung" gewählt worden.

Satz 12. Valenzladung.

Angen.: 13. Februar 1926.
Bearb.: H. v. Steinwehr.
Veröff.: ETZ 1922, S. 404.
DIN 1322.

Die elektrochemische Einheit der Elektrizitätsmenge, d. h. die Ladung, welche ein Grammäquivalent eines Ions an positiver oder negativer Elektrizität trägt und die mit dem Buchstaben F bezeichnet wird, beträgt 96500 C.

Erläuterung.

Der Berechnung sind die internationalen elektrischen Einheiten und das Atomgewicht des Silbers zugrunde zu legen. International ist das Coulomb definiert als die Elektrizitätsmenge, welche 1,11800 mg Silber zur Abscheidung bringt. Das Atomgewicht des Silbers beträgt 107,88. Aus diesen beiden Zahlen ergibt sich[1] für die Größe F der Wert 96500 C.

Satz 13. Gehalt von Lösungen.

Angen.: 13. Februar 1926.
Bearb.: H. v. Steinwehr, Fr. Auerbach†, H. Freundlich, W. Kösters, A. Stock.
Veröff.: ETZ 1923, S. 552.
DIN 1310.

Die Menge eines Bestandteils in einer bestimmten Menge einer Lösung wird mit folgenden drei gleichbedeutenden Ausdrücken bezeichnet:

Gehalt einer Lösung (oder Mischung oder Verbindung) an einem Bestandteil,
Konzentration einer Lösung an einem Bestandteil,
Konzentration eines Bestandteils in einer Lösung.

Für besondere Zwecke (namentlich Gefrierpunktmessungen) wird die Konzentration einer Lösung auch als Menge des Bestandteils auf eine bestimmte Menge des Lösungsmittels ausgedrückt.

Sowohl die Menge des Bestandteils wie die Menge der Lösung (oder des Lösungsmittels) können in Masseneinheiten oder in Raumeinheiten angegeben werden.

Werden beide in Masseneinheiten oder beide in Raumeinheiten angegeben, so hat die Konzentration die Dimension einer reinen Zahl. Wird aber die Menge des Bestandteils in Masseneinheiten, die der Lösung in Raumeinheiten angegeben, so hat die Konzentration die Dimension $(l^{-3}\,m)$.

Im letzten Falle kann statt der Konzentration auch deren Kehrwert, die Verdünnung, angegeben werden, d. h. die Raummenge der Lösung, die eine bestimmte Masse des Bestandteils enthält. Dimension $(l^3\,m^{-1})$.

Konzentrationsangaben, die nur in Masseneinheiten ausgedrückt sind, haben den Vorzug, von der Temperatur unabhängig zu sein.

	Einheitszeichen	
Als **Masseneinheiten** dienen		
das **Gramm** oder das **Kilogramm**	g	kg
das **Mol**, d. h. soviel Gramm des Stoffes, wie sein Molekulargewicht angibt	mol	
das **Millimol**, der tausendste Teil des Mols	mmol	
das **Val**, d. h. soviel Gramm des Stoffes, wie sein Äquivalentgewicht angibt	val	
das **Millival**, der tausendste Teil des Vals	mval	
das **Gramm-Atomgewicht**, d. h. soviel Gramm eines Elementes, wie sein Atomgewicht angibt	g-atom	
Als **Raumeinheiten** dienen		
das **Kubikzentimeter** oder das **Liter**	cm³	l

Von den zahlreichen durch Verknüpfung dieser Einheiten möglichen Arten der Konzentrationsangabe sind, falls nicht besondere Gegengründe vorliegen, nur die folgenden zu benutzen:

---

[1] Nach der neuesten Atomgewichtstabelle ist das Atomgewicht des Silbers gleich 107,880; daraus würde der Wert $F = 96494$ folgen. Der AEF wird deshalb den Satz 12 im Einvernehmen mit der Deutschen Bunsengesellschaft von neuem prüfen.

	Benennung	Einheitszeichen
1. Gramm Bestandteil in 100 g Lösung	Prozent / Massenprozent	% oder g/100 g
2. Kubikzentimeter Bestandteil in 100 cm³ Lösung	Volumprozent	cm³/100 cm³
3. Gramm Bestandteil in 1 l Lösung	—	g/l
4. Mol Bestandteil in 1 l Lösung	—	mol/l
oder Liter Lösung auf 1 mol Bestandteil	Verdünnung	l/mol
5. Val Bestandteil in 1 l Lösung	—	val/l
oder Liter Lösung auf 1 val Bestandteil	Verdünnung	l/val
6. Mol Bestandteil auf 1 kg Lösungsmittel	—	mol/kg Lösungsmittel
7. Mol Bestandteil in 100 Gesamt-Mol Lösung	Molprozent	mol/100 Gesamtmol
oder der hundertste Teil der Zahl der Molprozent	Molenbruch	mol/Gesamtmol
8. Gramm-Atomgewicht Bestandteil in 100 Gesamt-Gramm-Atomgewicht der Lösung	Atomprozent	g-atom/100 Gesamt-g-atom
oder der hundertste Teil der Zahl der Atomprozente	—	g-atom/Gesamt-g-atom

bei Mineralwässern auch

9. Millimol Bestandteil in 1 kg Lösung — | — | mmol/kg
10. Millival Bestandteil in 1 kg Lösung — | — | mval/kg

Erläuterungen.

In der Art und Weise, wie der Gehalt von Lösungen ausgedrückt wird, herrscht eine oft verwirrende und zu Mißverständnissen führende Mannigfaltigkeit, so daß eine Klarstellung der Begriffe, Festlegung der Bezeichnungen und möglichste Vereinheitlichung der Ausdrucksarten angezeigt erschien.

Zwischen den Bezeichnungen „Gehalt" und „Konzentration" zu unterscheiden, ist im allgemeinen nicht nötig; lediglich bei chemischen Verbindungen von unveränderlicher Zusammensetzung wird nur der Ausdruck „Gehalt" gebraucht, weil mit „Konzentration" der Begriff der Veränderlichkeit verknüpft ist. Auch dagegen, daß bald von der „Konzentration" einer Lösung (nämlich an einem Bestandteil), bald von der „Konzentration des Bestandteils" (nämlich in der Lösung) gesprochen wird, ist wenig einzuwenden; beides ist gleichbedeutend.

Dagegen ist scharf hiervon zu unterscheiden die Angabe der Konzentration als der Menge eines Bestandteils auf eine bestimmte Menge Lösungsmittel. Wird diese Ausdrucksweise gewählt, so muß dies stets besonders hervorgehoben werden. Dabei ist zu beachten, daß der Begriff „Lösungsmittel" nur für binäre verdünnte Lösungen — als der der Menge nach überwiegende Bestandteil — eindeutig ist; in starker wässeriger Schwefelsäure kann man entweder die Schwefelsäure oder das Wasser als Lösungsmittel ansehen, in einer Lösung von Kochsalz und Zucker in Wasser entweder das Wasser als Lösungsmittel für beide festen Stoffe oder die wässerige Zuckerlösung als Lösungsmittel für das Kochsalz oder die Kochsalzlösung als Lösungsmittel für den Zucker. Einwandfrei bleibt natürlich eine derartige Konzentrationsangabe, wenn sie lediglich die Vorschrift zur Herstellung der Lösung wiedergibt, z. B. „Schwefelsäure von der Konzentration 1 Gewichtsteil H_2SO_4 auf 5 Gewichtsteile H_2O" (von den Pharmazeuten als „Schwefelsäure (1 + 5)" bezeichnet).

Für die Wahl der Einheiten, in denen die Mengen der Bestandteile und der Lösung ausgedrückt werden, können praktische oder theoretische Gesichtspunkte maßgebend sein. Das Ergebnis einer Gewichtsanalyse z. B. wird am unmittelbarsten wiedergegeben durch die Angabe der Konzentration der Bestandteile in Gewichtsprozenten (Massenprozenten); diese sind unabhängig von der Temperatur und unabhängig von allen Annahmen über die molekulare Konstitution der Stoffe.

Bei volumetrischen Gasanalysen liegt am nächsten die Angabe der gemessenen Raummenge des Bestandteils in einer bestimmten Raummenge des Gesamtgases, also z. B. in Volumprozenten; die gefundene Zahl gilt, weil die Ausdehnungskoeffizienten der meisten Gase praktisch gleich gesetzt werden können, in der Regel ohne weiteres auch für andere Temperaturen.

Bei verdünnten flüssigen Lösungen wird in den meisten Fällen die zur Analyse benutzte Menge der Lösung nur abgemessen, während die Menge des fraglichen Bestandteils gewöhnlich aus einer Wägung ermittelt wird; dem entspricht die Angabe der Konzentration als Gewichtsmenge in einer bestimmten Raummenge der Lösung. Daß eine solche Konzentration eine Größe von anderer „Dimension" ist als die nach Gewicht auf Gewicht oder Volumen auf Volumen berechnete, ist für die meisten Zwecke belanglos, so daß die Verwendung des gleichen Namens für zwei dimensional verschiedene Größen nicht stört.

Beim Vergleich der Lösungen verschiedener Stoffe, z. B. NaCl und KCl, ist aber für die meisten physikalischen und chemischen Beziehungen nicht die in Gramm ausgedrückte Gewichtsmenge des gelösten Stoffes ein geeignetes Maß; vielmehr müssen solche Mengen verglichen werden, welche die gleiche Anzahl von Molekeln enthalten, so daß für die verschiedenen gelösten Stoffe nicht dieselbe Masseneinheit, sondern für jeden eine spezifische und zwar dem Molekulargewicht proportionale Masseneinheit zu wählen ist. Als solche werden seit langer Zeit das Gramm-Molekulargewicht oder Mol (und dessen tausendster Teil, das Millimol) benutzt, oder, wenn die verschiedene Wertigkeit eine Rolle spielt, wie bei allen elektrochemischen Vorgängen, Maßanalysen usw., das durch die Wertigkeit geteilte Gramm-Molekulargewicht, d. h. das Gramm-Äquivalentgewicht. Für diese Einheit sind in der letzten Zeit eine Reihe von Benennungen vorgeschlagen worden; am meisten empfiehlt sich die schon in mehreren verbreiteten Fachwerken eingeführte Benennung Val (mit dem tausendfach kleineren Millival). Gerade dieser Begriff spielt in der analytischen Chemie eine ungeheure Rolle, und seine Benutzung vereinfacht die Wiedergabe namentlich titrimetrischer Bestimmungen außerordentlich. Während früher z. B. der Säuregehalt eines Getränkes, das verschiedene, oft nicht genau bekannte Säuren enthält, willkürlich auf eine bestimmte Säure, etwa Weinsäure, berechnet und in Gramm dieser Säure ausgedrückt wurde, ist die Angabe in Millival Gesamtsäure nicht nur eine unmittelbare Wiedergabe des Analysenbefundes (jeder Kubikzentimeter Normalsäure oder Normallauge enthält ein Millival), sondern bringt auch den Sachverhalt reiner zum Ausdruck. Die Konzentrationsangaben in Mol/Liter oder Val/Liter oder deren Kehrwerte, die „Verdünnungen" in Liter/Mol oder Liter/Val werden daher namentlich für das große Gebiet der verdünnten Lösungen bevorzugt. Dies trifft zusammen mit der theoretischen Bedeutung der in Mol/Liter ausgedrückten Konzentration in der Lehre von den verdünnten Lösungen, z. B. bei der Ableitung der osmotischen Gesetze, des Gesetzes der chemischen Massenwirkung, der Reaktionsgeschwindigkeit usw.

Für manche Fälle kommt aber auch dem Verhältnis der in Molen ausgedrückten Menge des gelösten Stoffes zur Gewichtsmenge des Lösungsmittels (der sog. Raoult-Konzentration) theoretische Bedeutung zu.

Bei atomistischen und quantentheoretischen Betrachtungen schließlich müssen nicht nur für die gelösten Stoffe, sondern auch für das Lösungsmittel die molekularen Masseneinheiten zugrunde gelegt werden, und man gelangt so zu der Konzentrationsangabe in „Molprozenten" oder als „Molenbruch".

Wenn, wie in festen Lösungen der Metalle, Metalllegierungen, das Molekulargewicht der Bestandteile nicht bekannt ist oder dieser Begriff sogar seinen Sinn verliert, kommen als vergleichbare Masseneinheiten nur solche in Betracht, die den Atomgewichten proportional sind, d. h. das Gramm-Atomgewicht.

Nach den vorstehenden Gesichtspunkten sind die aufgeführten Arten der Gehaltangabe von Fall zu Fall auszuwählen. Bei der Aufführung sind von den heute sonst noch gebrauchten Arten diejenigen weggelassen worden, die neben den genannten entbehrlich erscheinen. Z. B. hat die Angabe in Gewichtspromille oder Volumenpromille neben denen in Prozenten keine Berechtigung. Andererseits ist mit Absicht (nach dem Vorgange amtlicher Anweisungen) für die als Gewichtsmenge in einer bestimmten Raummenge der Lösung anzugebende Konzentration der Ausdruck Gramm/Liter und nicht der — früher oft fälschlich als „Volumprozente" bezeichnete — Ausdruck Gramm/100 cm³ gewählt; durch die abweichende Größenordnung der beiden häufig nebeneinander benutzten Angaben g/100 g und g/l werden Verwechslungen leichter vermieden. Die ausschließlich für die spezifische elektrische Leitfähigkeit benutzte Konzentrationsangabe Val/cm³ kann leicht entbehrt werden.

Eine besondere Art von Gehaltangaben ist noch für Mineralwässer (nach dem Vorgange des Deutschen Bäderbuches) vorgesehen. Einerseits handelt es sich bei diesen häufig um sehr verdünnte Lösungen, so daß Millimol und Milllival bequemere Einheiten als die tausendfach größeren sind, anderseits ist statt des Liters das Kilogramm deswegen gewählt, weil bei den sehr genau durchgeführten Analysen der Mineralwässer die zu untersuchende Menge in der Regel abgewogen, nicht abgemessen wird, die Dichte oft nicht oder nicht mit genügender Genauigkeit bestimmt worden ist und die gerade bei Mineralwässern in verhältnismäßig weiten Grenzen schwankende Temperatur die Beziehung auf die unveränderliche Masseneinheit der Lösung vorteilhafter erscheinen läßt.

Mit Rücksicht auf die geschilderte Mannigfaltigkeit ist die genaue Bezeichnung der gewählten Einheiten bei zahlenmäßigen Konzentrationsangaben dringend erwünscht, damit Verwechslungen vermieden werden. Andere Verwechslungen können auftreten, wenn z. B. die Menge des gelösten Stoffes in Gramm angegeben, aber nicht ersichtlich ist, ob der wasserfreie Stoff oder ein Hydrat der Rechnung zugrunde gelegt ist. Bei Angabe in Molen fällt dieser Zweifel weg, dafür kann aber Unsicherheit herrschen, welche Molekularformel gemeint ist (z. B. HgCl oder Hg_2Cl_2). Schließlich ist auch der Begriff Val bei mehrwertigen Stoffen oder solchen von wechselnder Wertigkeit nicht immer eindeutig. Aus diesen Gründen ist in allen Zweifelsfällen die Angabe der chemischen Formel des Bestandteils — unter Umständen auch des Lösungsmittels — erforderlich.

Entwürfe.

Entwurf 5. Wechselstromgrößen.

Bearb.: H. Schering, R. Richter, J. Teichmüller, M. Wien.
Veröff.: ETZ 1909, S. 861; 1911, S. 479; 1913, S. 956; 1915, S. 487; 1920, S. 660; 1921, S. 985; 1924, S. 710.

A. Begriffe und Namen.

In einem Stromkreise seien gemessen[1]:

I der effektive Strom,
U die effektive Spannung zwischen zwei Punkten,
N die zwischen diesen Punkten verbrauchte (mittlere) Leistung.

Dann werden genannt:

1. a) I Strom,
   b) $I_w = N/U$ Wirkstrom,
   c) $I_b = \sqrt{I^2 - (N/U)^2}$ Blindstrom,
2. a) U Spannung,
   b) $U_w = N/I$ Wirkspannung,
   c) $U_b = \sqrt{U^2 - (N/I)^2}$ Blindspannung,
3. a) $N_s = UI$ Scheinleistung,
   b) N Leistung,
   c) $N_b = \sqrt{(UI)^2 - N^2}$ Blindleistung,
4. a) $R_s = U/I$ Scheinwiderstand,
   b) $R_w = N/I^2$ Wirkwiderstand,
   c) $R_b = \sqrt{(U/I)^2 - (N/I^2)^2}$ Blindwiderstand,
5. a) $G_s = I/U$ Scheinleitwert,
   b) $G_w = N/U^2$ Wirkleitwert,
   c) $G_b = \sqrt{(I/U)^2 - (N/U^2)^2}$ Blindleitwert,

---

[1] Soweit die für diesen Entwurf gewählten Formelzeichen noch nicht vom AEF besonders festgesetzt sind, gelten sie nur vorläufig und sind nicht bindend.

6. a) $F = N/(UI)$ Leistungsfaktor (Wirkfaktor),
b) $B = \sqrt{1 - (N/UI)^2}$ Blindfaktor.

Ferner werden genannt:
der mit Gleichstrom gemessene Widerstand des Leiters: Gleichwiderstand,
der Widerstand, der durch Multiplikation mit der Zeit und dem Quadrate des Stromes die in dem Leiter entwickelte Wärme bestimmt: Echtwiderstand.

B. Bedeutung der Größen in den wichtigsten Fällen.

I. Sinusförmiger Wechselstrom. Strom der Spannung proportional.

Zwischen den Enden eines Stromkreisteiles herrsche die Spannung $u = \bar{U} \cdot \sin \omega t$; in ihm fließe der Strom $i = \bar{I} \cdot \sin(\omega t + \varphi)$. Hierin bedeuten und heißen:

$$\omega = 2\pi f = \text{Kreisfrequenz},$$
$$f = \text{Frequenz},$$
$$\varphi = \text{Winkel der Phasenverschiebung}.$$

Es ist dann
$$\bar{U}/\bar{I} = U/I = R_s,$$

$$F = \cos \varphi = \frac{R_w}{R_s}; \qquad B = \sin \varphi = \frac{R_b}{R_s}.$$

R_s, R_w und R_b sind unabhängig von Strom und Spannung, dagegen abhängig von der Frequenz.

Auf Grund dieser Gleichungen kann für einen einzelnen Stromkreis und für jeden Teil einer Verzweigung bei gegebener Spannung der Strom nach Größe und Phase aus Wirk- und Blindwiderstand berechnet werden.

In Stromkreisen, in denen die Kapazitätswirkung oder die Induktivitätswirkung überwiegt, können die Blindgrößen auch als Kapazitäts- oder Induktionsgrößen bezeichnet werden. So kann z. B. für einen Stromzweig, der Kapazität und Induktivität in Reihenschaltung enthält, der Blindwiderstand

$$R_b = \frac{1}{\omega C} - \omega L$$

schlechthin Kapazitäts- oder Induktivitätswiderstand genannt werden, je nachdem der eigentliche Kapazitätswiderstand $\left(\frac{1}{\omega C}\right)$ oder der eigentliche Induktivitätswiderstand (ωL) überwiegt.

II. Nichtsinusförmiger Wechselstrom; Strom der Spannung proportional.

Die Spannung
$$u = \sum_n \bar{U}_n \sin(n \omega t + \chi_n)$$
erzeugt einen Strom
$$i = \sum_n \bar{I}_n \sin(n \omega t + \psi_n).$$

Jeder Spannungsschwingung ordnet sich eine Stromschwingung derselben Frequenz derart zu, daß für diese Schwingungen jedesmal alles gilt, was unter I für sinusförmige Wechselströme ausgesagt ist. Es ist also:

$$\bar{U}_1 = \bar{I}_1 R_{s1}, \qquad \bar{U}_{w1} = \bar{I}_1 \cdot R_{w1}, \qquad \bar{U}_{b1} = \bar{I}_1 \cdot R_{b1}$$

$$\cos \varphi_1 = \frac{R_{w1}}{R_{s1}}, \qquad \sin \varphi_1 = \frac{R_{b1}}{R_{s1}},$$

worin
$$\varphi_1 = \psi_1 - \chi_1$$
und
$$R_{b1} = \frac{1}{\omega C} - \omega L,$$

$$\bar{U}_2 = \bar{I}_2 \cdot R_{s2}, \qquad \bar{U}_{w2} = \bar{I}_2 \cdot R_{w2}, \qquad \bar{U}_{b2} = \bar{I}_2 \cdot R_{b2}$$

$$\cos \varphi_2 = \frac{R_{w2}}{R_{s2}}, \qquad \sin \varphi_2 = \frac{R_{b2}}{R_{s2}}$$

worin
$$\varphi_2 = \psi_2 - \chi_2$$
und
$$R_{b2} = \frac{1}{2 \omega C} - 2 \omega L \quad \text{usw.}$$

Aus den einzelnen Spannungsschwingungen und den Widerstandsgrößen läßt sich der nichtsinusförmige Strom und sein Effektivwert berechnen. Die im Teil A definierten Widerstandsgrößen sind jetzt nicht nur von der Frequenz des Wechselstromes, also der Grundschwingung, sondern auch von den Oberschwingungen, also von der Schwingungsform abhängig.

III. Nichtsinusförmiger Wechselstrom; Strom der Spannung nicht proportional.

Die Spannung

$$u = \sum_n \bar{U}_n \sin(n\omega t + \chi_n)$$

erzeugt einen Strom

$$i = \sum_n \bar{I}_n \sin(n\omega t + \psi_n),$$

jedoch ist der Strom nicht der Spannung proportional, weil Wirk-, Induktivitäts- und Kapazitätswiderstand (z. B. infolge der Hysterese des Eisens und der Anomalien im Dielektrikum) von Strom und Spannung abhängig sind. Es läßt sich dann nicht mehr zu jeder Spannungsschwingung eine Stromschwingung so zuordnen, daß (wie unter II) für jede einzelne Schwingung die unter I aufgestellten Beziehungen gültig wären.

IV. Ersatzwechselstrom (Ersatzstrom).

Nichtsinusförmige Wechselströme werden in praktischen Fällen oft als sinusförmig behandelt. Mit Ersatzwechselstrom (schlechthin Ersatzstrom) soll der sinusförmige Wechselstrom benannt werden, der dieselben Effektivwerte für Stromstärke und Spannung und dieselbe Frequenz wie der nichtsinusförmige Wechselstrom hat. Der Winkel der Phasenverschiebung wird seinem Betrage nach der Gleichung $\cos\varphi = F$ (s. A, 6a) entnommen.

Erläuterungen.

Das Bestreben, den Wechselstrom ähnlich zu behandeln wie den Gleichstrom, vor allem für die Effektivwerte von Strom und Spannung ein dem Ohmschen Gesetze gleichartiges Gesetz zu erhalten, hat zur Entstehung und Verbreitung der Begriffe der „Wechselstromwiderstände" geführt. Die Einführung dieser Begriffe hat mancherlei Unklarheiten und Ungenauigkeiten im Gefolge gehabt. Diese durch festbestimmte, klare Begriffe und einheitliche Namen zu beseitigen, hat der AEF als seine Aufgabe angesehen.

Die Schwierigkeit der Aufgabe liegt darin, daß das „Ohmsche Gesetz für Wechselstrom" durchaus nicht allgemein für jeden beliebigen Wechselstrom gilt. Im Ohmschen Gesetze ist der Widerstand die Proportionalitätskonstante zwischen Strom und Spannung. Der Scheinwiderstand im Wechselstromkreise ist aber nur so lange eine Proportionalitätskonstante zwischen den Effektivwerten von Strom und Spannung, als die Kurvenform der Spannung unverändert bleibt und Induktivität, Kapazität und Wirkwiderstand unabhängig von Strom und Spannung sind. Wenn dagegen Induktivität, Kapazität und Wirkwiderstand von Spannung oder Strom abhängig sind, so gibt es keinen Proportionalitätsfaktor zwischen Strom und Spannung mehr und damit auch keine Wechselstrom-„Widerstände" im Sinne des Ohmschen Gesetzes. Dieser Fall liegt aber schon wegen der Verwendung von Eisen in der Technik fast immer vor; das nach dem Vorbilde des Ohmschen Gesetzes gebildete Gesetz der Abhängigkeit zwischen effektiver Stromstärke und effektiver Spannung ist also fast immer nur in Annäherung richtig, mag diese Annäherung, weil der magnetische Kreis in den meisten Fällen Luftschichten enthält, häufig auch sehr groß sein.

Man stand somit vor der Entscheidung, entweder

a) der geschichtlichen Entwicklung entsprechend die Wechselstromwiderstände streng, also nur für reinen Sinusstrom zu definieren und ihre Anwendung auf die annähernd sinusförmigen Ströme der Technik auszudehnen, oder

b) die Definition der Wechselstromwiderstände allgemein für Wechselströme beliebiger Kurvenform auf die Messung von Stromstärke, Spannung und Leistung zu gründen und zu zeigen, wie die so gefundenen Größen auf reine oder angenähert sinusförmige Schwingungen rechnerisch anzuwenden sind.

Mit Rücksicht auf die Gewohnheiten und Bedürfnisse der Technik hat sich der AEF für das zweite Verfahren entschieden und demgemäß zuerst, im Teile A, die Begriffe für Wechselströme beliebiger Kurvenform aus den gemessenen Werten von Strom, Spannung und Leistung erklärt, dann aber, in einem zweiten Teile B, auf die Bedeutung der so festgelegten Größen in den wichtigsten Fällen und vor allem auf die Einschränkung ihrer Anwendung in der — analytischen und graphischen — Rechnung ausdrücklich hingewiesen. Für das Ganze gilt die dem Teile A zugrunde gelegte Annahme, daß es sich um Vorgänge zwischen zwei Punkten eines Stromkreises handle, also um Einphasenstrom. Auf Mehrphasenstrom sind die getroffenen Festsetzungen sinngemäß zu übertragen.

Die Aufgabe ist eine der ältesten, die sich der AEF gestellt hat; der erste Entwurf ist schon im Jahre 1909 veröffentlicht worden. Bei seiner Behandlung in der Öffentlichkeit und in den Vereinen hat sich merkwürdigerweise ergeben, daß die eigentliche Absicht des Entwurfes vielfach mißverstanden wurde; man hat sich fast nur mit dem Namen der Begriffe beschäftigt, die Begriffsbestimmungen aber fast gar nicht beachtet. Wo sie allerdings beachtet wurden, haben sie im wesentlichen Zustimmung gefunden; der Entwurf kann in dieser Hinsicht als angenommen gelten.

Namen von einigermaßen verbreiteter Geltung hatte man bis dahin nur in den amerikanischen auf „anz" endigenden Namen gehabt. Diese leiden an zwei Mängeln: Im Deutschen liegt der Ton auf ihrer letzten bei allen gleichen Silbe, wodurch die Unterscheidbarkeit verringert wird; besonders aber bilden sie kein leicht zu behaltendes System, ihre Bedeutung muß vielmehr mühsam erlernt werden. Das jetzt mehr als früher hervortretende Bestreben, fremdsprachliche Namen abzulehnen, spricht gleichfalls gegen sie.

Es waren also neue Namen zu bilden. Die zuerst vorgeschlagenen fanden so wenig Beifall, daß sich der AEF entschließen mußte, andere vorzulegen. Das geschah in einem zweiten Entwurfe vom Jahre 1913, der sich nur auf Teil A erstreckte. Dieser Entwurf unterschied sich von dem ersten außerdem dadurch, daß die Zahl der aufgenommenen Begriffe vermehrt und alle systematisch zusammengestellt waren. Das Bedürfnis nach einer solchen systematischen Zusammenstellung aller in Betracht kommenden Begriffe hatte sich während der Verhandlungen herausgestellt. Es haben sich allerdings auch Stimmen gegen eine Erweiterung der im 1. Entwurfe enthaltenen Begriffsbestimmungen erhoben; der AEF hat aber trotzdem geglaubt, an dem im Entwurfe vom Jahre 1913 vorgeschlagenen Begriffssysteme festhalten zu sollen, da es ja jedem freisteht, sich nach Belieben aller oder nur eines Teiles der vorgeschlagenen Begriffe und Namen zu bedienen.

Das gewählte System der Namen beruht auf der Zerlegung der meßbaren Größen in zwei Komponenten, wie sie bei der allgemeinüblichen graphischen Darstellung benutzt wird. Hierbei ist jedesmal die wirksame, d. i. die energietragende Komponente durch den Vorsatz Wirk-, die andere durch den Vorsatz Blind- bezeichnet, während die Resultierende den Vorsatz Schein- erhalten hat; beim Strom (1a) und bei der Spannung (2a) mußte der Vorsatz Schein- natürlich wegfallen, bei der Leistung (3b) würde der Vorsatz Wirk- zum mindesten überflüssig sein. Für die Wahl dieser Vorsätze war teilweise ihre Form bestimmend; sie sind kurz, nämlich einsilbig, lassen sich leicht aussprechen und unterscheiden; vor zusätzlichen Eigenschaftswörtern (wie z. B. in „scheinbarer Widerstand") haben sie den Vorzug, daß in den Fällen, wo zur weiteren Kennzeichnung des Begriffes Beiwörter herangezogen werden müssen, sprachlich unschöne Häufungen von Eigenschaftswörtern vermieden werden. Dem Sinne nach erklärt sich der Vorsatz Schein- als Verkürzung des gebräuchlichen „scheinbar" und bedarf daher weiter keiner Erklärung. Zur Bezeichnung der „wirksamen" Komponente war früher „Werk" vorgeschlagen worden, und zwar mit der Begründung, daß es in der neueren technischen Literatur mehr und mehr in ähnlicher Bedeutung im Sinne von Arbeit gebraucht werde, und daß es an „wirksam" anklinge. Gegen diese Vorsilbe ist geltend gemacht worden, daß sie in der Zusammensetzung Werkspannung und Werkstrom zu Zweideutigkeiten Anlaß gäbe. Das wird nun mit „Wirk-" vermieden, das sich zwanglos als Verkürzung von wirksam erklären läßt. „Blind-" wurde in Erinnerung an seine längst übliche Verwendung in der technischen und der Umgangssprache in der Bedeutung von „nicht wirksam" oder auch „nicht eigentlich" oder auch „nicht im eigentlichen Sinne wirksam", wie in „Blindmutter", „blindes Fenster", „blinder Schuß" u. a. gewählt. Ein „blinder Passagier" ist ein Passagier wie die anderen; aber er trägt zu den Kosten der Fahrt nichts bei, er ist sozusagen ein „wattloser" Passagier.

Gegenvorschläge, die während der Bearbeitung der Aufgabe eingegangen waren, sind ernsthaft geprüft worden, konnten aber nicht für besser befunden werden. So ist z. B. vorgeschlagen worden, das Wort Blindleistung durch Pendelleistung zu ersetzen, weil mit dieser Bezeichnung die Vorstellung der hin- und herpendelnden Feldenergie verbunden sei. Dieser Vorschlag ist schon vor der Veröffentlichung des Entwurfes vom Jahre 1913 in den Beratungen des AEF erörtert worden. Man hätte sich vielleicht entschließen können, das einsilbige Vorwort Blind dem zweisilbigen Pendel zu opfern, wenn die in Teil A definierte Blindleistung mit der Leistung der Feldenergie identisch wäre. Die Blindgröße hat aber im allgemeinen überhaupt keine einfache physikalische Bedeutung, sondern ergibt sich immer nur als zweite Kathete des rechtwinkligen Dreiecks, das durch die Scheingröße und Wirkgröße als die beiden physikalisch bestimmten Größen festgelegt ist. Die Leistung der Feldenergie

$$\sum_{n=1}^{n=\infty} U_n I_n \sin \varphi_n$$

ist im allgemeinen kleiner als die Blindleistung

$$N_b = \sqrt{(UI)^2 - N^2},$$

und nur in einigen Sonderfällen, z. B. bei sinusförmiger Spannung und sinusförmigem Strome wird

$$UI \sin \varphi = N_b.$$

In den Zusammensetzungen Wirkstrom und Blindstrom ist ein Ersatz für die alten Namen Wattstrom und wattloser Strom gefunden worden. Diese Namen mochte der AEF nicht aufnehmen, weil sie sprachlich unrichtig gebildet sind (die Einheitsbezeichnung ist für die Begriffsbenennung gesetzt); außerdem hatte der eine davon den Nachteil, ein schleppendes Eigenschaftswort zu verwenden. Die Namen Wattstrom und wattloser Strom sind nun freilich mit der geschichtlichen Entwicklung der Wechselstromtechnik so eng verknüpft, daß man den Widerspruch gegen die Einführung neuer Namen, wie er von verschiedenen Seiten erhoben worden ist, wohl verstehen kann. Demgegenüber hat es aber der AEF für seine Pflicht gehalten, den zahlreichen Gegnern der alten Namen ein gut gewähltes System sprachlich einwandfreier Namen zur Verfügung zu stellen.

Den Namen Leistungsfaktor durch Wirkfaktor zu ersetzen, wie es dem System nach folgerichtig gewesen wäre, und dadurch ausmerzen zu wollen, schien nicht zweckmäßig; um aber keine Frage offen zu lassen, ist „Wirkfaktor" in dem Entwurfe in Klammern hinzugefügt worden.

Die in dem Begriffssystem des Teiles A verwendeten Vorsilben Schein-, Wirk- und Blind- können nach Bedarf sinngemäß ohne weiteres auch mit anderen Bezeichnungen als Strom, Spannung und Leistung verknüpft werden. Will man z. B. zwischen abgegebener und zugeführter Leistung unterscheiden und die hierfür vom Verbande Deutscher Elektrotechniker vorgeschlagenen Bezeichnungen Abgabe und Aufnahme verwenden, so kann man von Schein-, Blind- oder Wirkabgabe und Schein-, Blind- oder Wirkaufnahme oder Blindabgabe und Blindaufnahme sprechen.

Der Name Gleichwiderstand ist im Einklang mit dem Namen Gleichstrom gebildet; er kann außerdem als Ausdruck dafür aufgefaßt werden, daß diese Größe gleichmäßige Verteilung der Stromdichte über den ganzen Querschnitt des Leiters voraussetzt. Beim Echtwiderstand ist die Stromdichte infolge der Stromverdrängung (Hautwirkung) nicht gleichmäßig verteilt. Für Gleichstrom ist also der Echtwiderstand gleich dem Gleichwiderstand, dem „Widerstande" bei Gleichstrom. In Wechselstromkreisen dagegen ist zu unterscheiden zwischen Gleichwiderstand, Echtwiderstand und Wirkwiderstand. Der Echtwiderstand ist hier immer größer als der Gleichwiderstand und der Wirkwiderstand im allgemeinen noch größer als der Echtwiderstand, weil die in einem Stromkreise umgesetzte Arbeit im allgemeinen größer ist als die im Leiter selbst umgesetzte (vgl. A, 4b).

Die einfache Bezeichnung Widerstand, die in der Literatur bisher verschieden, bald für Scheinwiderstand, bald für Gleichwiderstand, Echtwiderstand oder Wirkwiderstand gebraucht wurde, ist bei den Namen für die Wechselstromwiderstände ganz vermieden worden. Dasselbe gilt von der Bezeichnung effektiver Widerstand, womit bisher sowohl der Echtwiderstand als auch der Wirkwiderstand bezeichnet worden ist. Das Wort effektiv kann nunmehr für die sog. quadratischen Mittelwerte eindeutig verwendet werden, und die einfache Bezeichnung Widerstand steht nach Bedarf zur Abkürzung irgendeines der Wechselstromwiderstände nach wie vor zur Verfügung.

Der Einteilung des Teiles B ist wie bei den Begriffsbestimmungen im Teile A ebenfalls die Messung zugrunde gelegt worden, indem nach Proportionalität und Nichtproportionalität zwischen Strom und Spannung unterschieden wurde. Induktivität, Kapazität und Wirkwiderstand sind im allgemeinen (auch in dem Falle I) infolge von Hautwirkung und anderen Ursachen von der Frequenz abhängig. So sind auch die Widerstände R_1, R_2 usw. (in B, II) im allgemeinen voneinander verschieden und nur in besonderen Fällen einander gleich und gleich dem mit Gleichstrom gemessenen Gleichwiderstand.

Die Einführung der Kapazitäts- und Induktivitätsgrößen an Stelle der Blindgrößen ist im allgemeinen in Strenge nur dann statthaft, wenn Stromstärke und Spannung sinusförmig verlaufen. In praktischen Fällen wird man jedoch häufig auch in zusammengesetzten Stromkreisen mit nichtsinusförmigem Strome von Kapazitäts- oder Induktivitätsgrößen sprechen können, je nachdem Kapazitätswirkung oder Induktivitätswirkung überwiegt.

Die Blindgrößen werden nach der Definition rechnerisch als Quadratwurzeln aus der Differenz von Quadraten der gemessenen Größen gewonnen. Es kann manchmal erwünscht sein, einer Wurzelgröße verschiedene Vorzeichen beizulegen, um z. B. bei einem Blindwiderstande zwischen Kapazitäts- und Induktivitätswiderstand zu unterscheiden (vgl. B, I, letzten Abschnitt).

Die früher vorgeschlagenen Bezeichnungen „einwellig" und „mehrwellig" an Stelle von „sinusförmig" und „nichtsinusförmig" sind auf den Widerspruch von mehreren Seiten hin schließlich fallen gelassen worden. Statt des früher gebrauchten Wortes Welle ist jetzt „Schwingung" gesetzt, weil dieses Wort für die zeitlichen Zustandsänderungen besser paßt als Welle, womit immer die Vorstellung einer örtlichen Ausbreitung verknüpft wird. Dementsprechend sind „Grundschwingung" und „Oberschwingungen" (Schwingungen höherer Ordnung) unterschieden. Bei der mathematischen Betrachtungsweise empfiehlt es sich, die Grundschwingung als 1. Schwingung, die 1. Oberschwingung als 2. Schwingung usw. zu bezeichnen.

Die gemeinsame Bezeichnung für Grundschwingung und Oberschwingungen, nämlich Sinusschwingungen, wird man im allgemeinen in „Schwingungen" schlechthin abkürzen, wenn man ihre Zugehörigkeit zu einem Systeme ausdrücken will, dann (aber auch nur dann) gebührt ihnen der ausführliche Name „harmonische Schwingungen"; seine aus England und Amerika eingedrungene Abkürzung „Harmonische" empfiehlt sich nicht, weil ihr gerade das kennzeichnende Hauptwort fehlt. Nichtsinusförmige Wechselströme werden in praktischen Fällen oft als sinusförmig behandelt. Der sinusförmige Wechselstrom, der dieselben Effektivwerte für Stromstärke und Spannung und dieselbe Frequenz wie der nichtsinusförmige Wechselstrom hat, wurde früher als „äquivalenter Sinusstrom" bezeichnet. Äquivalenz liegt aber nicht vor[1]. Deshalb wird für diesen Strom der Name „Ersatzwechselstrom" oder schlechthin „Ersatzstrom" vorgeschlagen. Das Verhalten von Wechselstrommaschinen ist weniger durch den Effektivwert des nicht sinusförmigen Wechselstromes als vielmehr durch seine Grundschwingung bestimmt. Deshalb wird im Elektromaschinenbau der nichtsinusförmige Wechselstrom häufig auch durch seine Grundschwingung ersetzt. Auf diesen Fall soll aber die Bezeichnung Ersatzstrom nicht ausgedehnt werden.

Zusatz[2]. Obwohl die Zerlegung in Wirk- und Blindkomponenten und die graphische oder rechnerische Darstellung durch Vektoren streng nur richtig ist für Sinusform von Strom und Spannung, führt ihre Anwendung in der Technik bei Maschinen und Transformatoren, also bei Eisen im Kreise und infolgedessen verzerrter Stromkurve, in der Regel auch bei vollständig geschlossenem Eisenkreis zu richtigen Ergebnissen. Hat nämlich die Spannung Sinusform, so geben die Oberschwingungen des Stromes keinen Beitrag zur Leistung; in den Effektivwert des Stromes gehen sie nur sehr schwach ein. Ist z. B. die Amplitude einer Oberschwingung 10 % der Amplitude $\bar{I}_1$ der Grundschwingung, so ist der Effektivwert des Stromes

$$I_{eff.} = \sqrt{\frac{\bar{I}_1^2}{2} + \frac{(0,1\bar{I}_1)^2}{2}} = \frac{\bar{I}_1}{\sqrt{2}} \cdot 1,005,$$

also nur um 0,5 % größer als der Effektivwert der Grundschwingung. Die aus den drei gemessenen Größen N, U, I abgeleiteten Größen und Komponenten ergeben sich daher mit einer für die praktischen Bedürfnisse ausreichenden Genauigkeit.

Ist aber die Kurvenverzerrung des Stromes erheblich stärker wie z. B. beim Gleichrichter, also der Effektivwert des Stromes merklich größer als der der Grundschwingung, so ist $N < UI$, und man würde z. B. nach A 3c eine „Blindleistung" errechnen, während mit einem Blindleistungsmesser oder -zähler keine Blindleistung gemessen wird.

Haben Spannung und Strom gleichzeitig Oberwellen gleicher Ordnungszahl, so geben diese positive oder negative Beiträge zur Leistung; die aus den gemessenen Werten N, U, I abgeleiteten Größen unterscheiden sich merklich von den nach B II theoretisch berechneten; es erschwert aber die Behandlung der Theorie, wenn die Benennungen für die aus den gemessenen Größen abgeleiteten Werte festgelegt sind. Für die Praxis, welche mit den aus den gemessenen Größen abgeleiteten Werten als Näherungswerten so rechnet, als ob keine Oberwellen da wären, würde es keine Erschwerung bedeuten, wenn auch die Benennungen nur angenähert gelten.

Die Benennungen sind auf Mehrphasenstrom ohne weiteres sinngemäß nur bei genau symmetrischer Belastung übertragbar. Bei unsymmetrischer Belastung und Sinusform der Spannungen ist die Übertragung mit Hilfe einer weiteren gemessenen Größe, der Blindleistung, möglich.

Entwurf 8. Arbeit und Energie.

Bearb.: F. Emde, M. Planck, H. Rubens†, G. F. Strahl.
Veröff.: ETZ 1911, S. 721; 1912, S. 252; 1920, S. 422; 1921, S. 236.

I.

1. Eine Energieangabe bezieht sich stets auf einen Zustand, eine Arbeitsangabe dagegen stets auf eine Zustandsänderung.

2. Daher setzen sich Energieausdrücke aus gleichzeitigen Werten meßbarer Größen zusammen, Arbeitsausdrücke dagegen aus Werten[3], die sich über einen Zeitabschnitt verteilen.

3. Als Merkmal zur Unterscheidung von Energie und Arbeit folgt hieraus, daß sich eine Energieangabe auf einen Zeitpunkt, eine Arbeitsangabe dagegen auf einen Zeitabschnitt bezieht.

II.

4. Mechanische Arbeit ist das Produkt aus Weg und der in die Wegrichtung fallenden Komponente der Kraft.

5. Elektrische (genauer: elektromagnetische) Arbeit ist das Produkt aus Spannung, Strom und Zeit.

6. Es ist eine Eigentümlichkeit des Sprachgebrauches, andere Energieübertragungen nicht als Arbeiten zu bezeichnen.

III.

7. Geht ein System aus einem Zustand in einen anderen über, so bezeichnet man als Abnahme seiner Energie den in Arbeitseinheiten gemessenen Betrag aller Wirkungen, die bei diesem Übergang außerhalb des Systems hervorgebracht werden.

8. Da hierdurch nur die Änderung der Energie eines Systems definiert ist, so wird der Betrag der Energie erst durch die Wahl des Zustandes bestimmt, dem die Energie Null zugeschrieben werden soll (Nullzustand). Für manche Energieformen ergibt sich die Wahl des Nullzustandes in zweckmäßiger und daher allgemeingebräuchlicher Weise dadurch, daß eine weitere Verringerung dieser Energieform von diesem Zustand aus nicht mehr möglich ist (z. B. bei der elektrischen und bei der magnetischen Energie).

---

[1] Siehe Orlich: Die Theorie der Wechselströme, Leipzig 1912. Abschnitt II.
[2] Von H. Schering.
[3] Mathematisch gesprochen ist daher die Energiedichte (d. h. die in der Raumeinheit enthaltene Energiemenge) eine Funktion von Zustandsparametern (z. B. von Geschwindigkeit, Temperatur, Feldstärke), so daß die Energie selbst durch das Raumintegral einer solchen Funktion dargestellt wird. Die mechanische Arbeit ist dagegen ein Linienintegral, die Arbeit des elektrischen Stromes ein Zeitintegral.

IV.

9a. Bei manchen Zustandsänderungen findet kein Energieaustausch zwischen verschiedenen Körpern (oder Teilen eines Körpers) statt, sondern die Energie wechselt nur ihre Form, ohne zu wandern.

9b. Im allgemeinen geht aber bei einer Zustandsänderung Energie von einem Körper auf einen anderen über, und zwar entweder durch mechanische oder durch elektrische Arbeit oder durch Wärmeleitung oder durch elektromagnetische Strahlung (zu der auch Wärme- und Lichtstrahlung gehören).

9c. Außerdem kann Energie auch ohne Zustandsänderung ihres Trägers dadurch ihren Ort ändern, daß sie an bewegten Körpern haftet (Konvektion).

10. Beispiele für Energieformen sind: 1. Bewegungsenergie; 2. Gravitationsenergie (Lagenenergie); 3. Innere Energie (in Sonderfällen als elastische Form- und Volumenenergie oder als Wärme oder als chemische Energie bezeichnet); 4. Elektrische Energie; 5. Magnetische Energie.

Zusatz.

11. Der Quotient aus der Arbeit und der auf sie verwendeten Zeit heißt Leistung. Die Leistung gibt die Stärke des Energiestromes durch eine Fläche (meist die Oberfläche eines Raumteiles) an.

Erläuterungen.

Obgleich Arbeiten und Energien mit denselben Maßeinheiten gemessen werden, besteht doch zwischen ihnen ein wesentlicher Unterschied, und es ist wünschenswert, daß diese beiden Begriffe auch außerhalb der engeren theoretischen Literatur schärfer auseinander gehalten werden, als bisher wohl meist geschehen ist. Die Aufmerksamkeit auf die Unterschiede zu lenken, ist der Zweck des vorangehenden Textes.

Leistungen und Arbeiten sind schon rein äußerlich durch die verschiedenen Maßeinheiten, mit denen sie gemessen werden, unterschieden (z. B. Watt und Joule). Unter Nr. 3 wird ein ebenso leicht erkennbares äußerliches Merkmal zur Unterscheidung von Energien und Arbeiten angegeben.

„Arbeit" kann nicht als eine Verdeutschung für „Energie" betrachtet werden. Man kann z. B. von Erhaltung der Energie sprechen, nicht aber von einer Erhaltung der Arbeit.

Als elektrische Arbeit ist nicht das Zeitintegral jedes elektromagnetischen (Poyntingschen) Energiestromes zu bezeichnen, weil sonst die Wärmestrahlung auch elektrische Arbeit genannt werden müßte und dies dem jetzigen Sprachgebrauch zuwiderliefe. Von elektrischer Arbeit soll bei einem elektromagnetischen Energiestrom nur dann gesprochen werden, wenn er von einem elektrischen Leitungsstrom begleitet ist. Bei einem Leitungsstrom befindet sich im Innern des leitenden Körpers (z. B. Drahtes) fast nie Elektrizität. Dagegen ist die Arbeit, die bei der Bewegung eines elektrisch geladenen Körpers (Konvektionsstrom) geleistet wird, nach Nr. 4 als mechanische zu bezeichnen, ebenso die Arbeit bei der Bewegung von Magneten. Der Energieübergang, der mit der zeitlichen Änderung der Stärke eines elektrischen Feldes (Verschiebungsstrom) verknüpft ist, wird Strahlung genannt.

Es sei noch besonders darauf hingewiesen, daß in geladenen Kondensatoren elektrische Energie aufgespeichert ist, daß dagegen die Elektrizitätszähler elektrische Arbeit angeben.

Entwurf 19. Magnetischer Schwund.

Bearb.: F. Emde, W. Jaeger.
Veröff.: ETZ 1920, S. 663; 1921, S. 986.

Die Geschwindigkeit, mit der ein Spulenfluß abnimmt, heißt magnetischer Schwund. Als Einheit für den magnetischen Schwund kann z. B. die absolute elektromagnetische CGS-Einheit oder das Volt dienen.

Erläuterungen.

In der Physik und in der Elektrotechnik kommt es meist nicht auf den magnetischen Induktionsfluß selbst an, sondern auf seine Änderung mit der Zeit. Zunahme des Spulenflusses und induzierter Strom sind einander zugeordnet wie Fortschreitung und Drehung einer Linksschraube. Da man aber für die Festsetzung der Vorzeichen meist die Rechtsschraube zugrunde legt, so muß man sagen, daß ein positiver Strom entsteht, wenn der Spulenfluß abnimmt. Wenn man daher, um eine kurze Ausdrucksweise zu ermöglichen, einen Namen einführt, so ist es vorteilhaft, ihn sogleich für die Abnahme des Flusses zu wählen, nicht für die Zunahme. Die Einführung eines besonderen Namens rechtfertigt sich durch das häufige Vorkommen des Begriffs.

Der Spulenfluß ändert sich oft durch mehrere Ursachen. Dann will man gewöhnlich die Einzelwirkungen für sich betrachten. So z. B. ändert sich der Fluß, den eine Ankerwindung eines Wechselstrommotors umfaßt, teils weil das Magnetfeld pulsiert, teils weil die Windung an der Ankerdrehung teilnimmt. Entsprechend kann man unterscheiden zwischen Ruheschwund und Bewegungsschwund oder zwischen Transformationsschwund und Rotationsschwund. In anderen Fällen wird man den resultierenden oder Gesamtschwund zerlegen in den Schwund der Selbstinduktion und den Schwund der gegenseitigen Induktion. Bei Wechselstromgeneratoren kann man dem Leerlaufschwund den Belastungsschwund gegenüberstellen, bei Transformatoren dem Hauptschwund den Streuschwund.

Entwurf 26. Dichte und Wichte.

Bearb.: M. Weber, Fr. Auerbach†.
Veröff.: ETZ 1914, S. 280; 1920, S. 422; 1923, S. 528.
DIN E 527, 1306.

1. Dichte (spezifische Masse) ist der Quotient der Masse eines Körpers durch sein Volumen:

$$\text{Dichte} = \frac{\text{Masse}}{\text{Volumen}}.$$

2. **Wichte** (spezifisches Gewicht) ist der Quotient des Gewichts eines Körpers durch sein Volumen:

$$\text{Wichte} = \frac{\text{Gewicht}}{\text{Volumen}}.$$

3. **Dichtezahl** oder **Wichtezahl** (Dichteverhältnis oder Wichteverhältnis) ist das Verhältnis der Dichte oder der Wichte eines Körpers zu der Dichte oder der Wichte eines Vergleichskörpers. Wenn keine besonderen Gründe dagegen sprechen, ist als Vergleichskörper Wasser von 4° C bei einem Außendruck von 760 mm Quecksilbersäule zu wählen.

4. **Massenräumigkeit** (spezifisches Massenvolumen) ist der Quotient des Volumens eines Körpers durch seine Masse, also der Kehrwert der Dichte:

$$\text{Massenräumigkeit} = \frac{\text{Volumen}}{\text{Masse}} = \frac{1}{\text{Dichte}}.$$

5. **Gewichtsräumigkeit** (spezifisches Gewichtsvolumen) ist der Quotient des Volumens eines Körpers durch sein Gewicht, also der Kehrwert der Wichte:

$$\text{Gewichtsräumigkeit} = \frac{\text{Volumen}}{\text{Gewicht}} = \frac{1}{\text{Wichte}}.$$

Bei unhomogenen Körpern ist anzugeben, ob sich die Werte auf den Stoff ohne oder mit Poren oder auf Schüttgut usw. beziehen. Ferner sind, wenn es die Genauigkeit erfordert, Temperatur und Druck anzugeben, bei denen die Messung stattgefunden hat.

Erläuterungen.

Die Dichte (Massendichte, spezifische Masse) eines Körpers ist eine von äußeren Umständen unabhängige physikalische Eigenschaft, die ihm auf Grund einer bestimmten Zusammensetzung und Beschaffenheit zukommt. Das spezifische Gewicht eines Körpers dagegen, für das in dem Entwurf die Bezeichnung Wichte vorgeschlagen wird, ist keine Eigenschaft, die ihm unabhängig von äußeren Einflüssen zukäme, sondern ändert sich mit dem Ort, und zwar bei unveränderter Zusammensetzung im gleichen Verhältnis wie die Fallbeschleunigung g. Es ist zwar abhängig von der Dichte des Körpers, aber auch von der beschleunigenden Wirkung der Erde, also von zwei äußeren Einflüssen, nämlich der Stärke der gesamten Massenanziehungskraft oder Schwerkraft und der gesamten der Bewegung der Erde entsprechenden Scheinkraft an dem betreffenden Ort, wie in Satz 9, Masse und Gewicht, näher erläutert wird. Es erscheint daher unzweckmäßig, neben den Bezeichnungen Wichte und spezifisches Gewicht noch die Bezeichnung Gewichtsdichte zu verwenden, weil durch das Wort „Dichte" nach dem herrschenden Sprachgebrauch unzweideutig eine von äußeren Umständen unabhängige physikalische Körpereigenschaft gekennzeichnet wird. Die Bezeichnung Massendichte kann infolgedessen durch die kürzere Bezeichnung „Dichte" ersetzt werden; in der reinen Mechanik gibt es bei einem Körper von bestimmter Zusammensetzung und Beschaffenheit eben außer der Massendichte keine andere Art Dichte.

Andererseits erinnert das Wort spezifisches Gewicht zwar unzweideutig an das Gewicht und kennzeichnet von den vier das Gewicht eines Körpers bestimmenden Ursachen die drei: Dichte, Schwere und Scheinkraftbeschleunigung völlig ausreichend, während der vierte Faktor, der Rauminhalt, ausdrücklich durch den Zusatz spezifisch ausgeschaltet wird. Aber es fehlt bisher an einem einfachen guten deutschen Ersatzwort für „spezifisches Gewicht". Sucht man auf dem Wege über Massendichte, Dichtigkeit, Dichte nach einem entsprechenden Einzelwort, das an die Stelle von spezifisches Gewicht gesetzt werden kann, so liegen die Worte Gewichtigkeit, Wichtigkeit und Wichte nahe. Von diesen ist Wichtigkeit gerade in dem hier in Betracht kommenden Sinne ein altes deutsches Wort, das schon in dem 1642 in Leiden erschienenen „Dictionnaire François-Alleman-Latin" von Duez als gleichbedeutend mit ponderositas — also nicht im heutigen abgezogenen Sinne etwa von „Bedeutung" — aufgeführt wird. Noch besser erscheint es jedoch, in Zukunft statt der umständlichen Bezeichnung spezifisches Gewicht eines Körpers die kurze und klare Bezeichnung „Wichte" zu setzen, ein Wort, das sich neben Dichte vorzüglich ausnimmt und auch deutlich und richtig die Gegensätzlichkeit zu Dichte und die Verwandtschaft mit dem Wort Gewicht zum Ausdruck bringt.

Für die Auswahl der Bezeichnungen für die fünf in Rede stehenden Begriffe sind weiterhin noch die folgenden allgemeinen Grundsätze maßgebend gewesen:

Das Ideale wäre es, für jeden Begriff ein einziges kurzes deutsches Wort festzusetzen, dessen Sinn sich mit dem Begriff gut deckt. So wurde bei den Begriffen Dichte und Wichte verfahren. Zulässig erscheint noch die Festsetzung eines Hauptwortes mit einem Beiwort wie spezifische Masse, spezifisches Gewicht usw. Dagegen sind alle Vorschläge abzulehnen, welche die kurze Begriffsbezeichnung von vornherein durch eine Begriffserklärung, wenn auch nur in drei Worten, ersetzen wollen, wie z. B. Masse der Raumeinheit oder Gewicht der Raumeinheit. Diese Erklärungen sind überdies geeignet, über die Dimensionen der Größen irrezuführen.

Bloße Zusammensetzungen der Bezeichnungen für die Größen, aus denen die Quotienten gebildet sind, also Raummasse und Raumgewicht, sowie Masseraum und Gewichtsraum, sind mit Absicht in den Entwurf nicht aufgenommen worden, da sie (mit Ausnahme von Gewichtsraum) den Genetiv des ersten Wortes nicht erkennen lassen und daher Anlaß zu Verwechslungen geben. Deutlichere Bildungen wie Raumeinheitsmasse usw. sind ihrer Länge wegen verworfen worden.

Entwurf 29. Richtleistung.[1]

Bearb.: R. Rüdenberg, G. Dettmar, M. Jakob, R. Richter.
Veröff.: ETZ 1927, S. 519.

Die „Richtleistung" von sinusförmigen Wechselstrom- und -spannungsystemen ist das Produkt von Spannung und Strom sowie einem der Phasenzahl entsprechenden Zahlenfaktor. Dieser Faktor beträgt
  bei Einphasensystemen 1,
  bei verketteten symmetrischen Zweiphasensystemen $\sqrt{2}$,
  bei verketteten symmetrischen Dreiphasensystemen $\sqrt{3}$.

Erläuterungen.

Die elektrische Größenbemessung aller Wechselstrommaschinen, -transformatoren, -apparate und -leitungen richtet sich nicht nur nach den Wirkströmen, die zusammen mit der Spannung die mechanisch oder thermisch ausnutzbare Leistung ergeben, sondern auch nach den Blindströmen, die in ihnen zirkulieren. Zur Beurteilung der Leistungsfähigkeit dieser Gegenstände bei phasenverschobenem Strom erscheint es für den praktischen Gebrauch nicht zweckmäßig, den Begriff der „Scheinleistung" oder des „Scheinwiderstandes" zu verwenden, damit nicht der Eindruck von etwas Scheinbarem, Unwirklichem oder Trügerischem erweckt wird.

Die Beurteilung der Leistungsfähigkeit und der Verkaufswert von Maschinen, Transformatoren, Apparaten und Leitungen richtet sich im wesentlichen nur nach dem absoluten Wert der Spannung und des Stromes, ohne von der Richtung des Stromes gegenüber der Spannung oder von dem Leistungsfaktor erheblich beeinflußt zu werden. Für das Produkt von Nennspannung und Nennstrom dieser Gegenstände unter Berücksichtigung der Phasenzahl wird daher das Wort „Richtleistung" vorgeschlagen.

Diese Benennung weist einerseits auf die verschiedenartige Richtung der Strom- und Spannungsvektoren hin, anderseits deutet sie an, wonach sich die Größenbemessung des elektrischen Stromkreises richtet.

Der Vorsatz „Richt" eignet sich auch zur Zusammensetzung mit den übrigen Wechselstromgrößen, wie „Richtwiderstand", „Richtleitwert", „Richtstrom", „Richtspannung", die für die Beurteilung von elektrischem Material von Nutzen sind.

Entwurf 30. Schreibweise physikalischer Gleichungen.[2]

Bearb.: J. Wallot, F. Emde, G. Hamel, W. Kösters, K. Scheel, G. Wallenberg †.
Veröff.: ETZ 1927, S. 337.

I. Die Formelzeichen der physikalischen Gleichungen sollen in der Regel die physikalischen „Größen" bedeuten, d. h. benannte Zahlen. Man kann sie zweckmäßigerweise als symbolische „Produkte" aus den Zahlenwerten (Maßzahlen) und den benutzten Einheiten auffassen gemäß der Gleichung

$$\text{Physikalische Größe} = \text{Zahlenwert „mal" Einheit}.$$

Sollen unter den Formelzeichen die Zahlenwerte oder abwechselnd die Größen und die Zahlenwerte verstanden werden, so sind in irgendeiner Weise, z. B. durch Zusätze wie „Größengleichung" oder „Zahlenwertgleichung", Verwechslungen auszuschließen.

Bei Benutzung von Größengleichungen darf man die Symbole der Einheiten ebenso wie die Zahlen und die Buchstaben miteinander multiplizieren oder durcheinander dividieren.

II. Bei der Festlegung und Benutzung der Größengleichungen ist zu beachten, daß auch die empirischen Faktoren, insbesondere die Proportionalitätsfaktoren, als Größen im Sinne der Vorschrift I zu behandeln sind.

III. Die Größengleichungen der Elektrizitätslehre sind in einer solchen Form zu schreiben, daß die Zahl 4π in den Grunddefinitionen und in den Differentialgleichungen des Feldes überhaupt nicht, dagegen in den Gesetzen von Coulomb und von Biot und Savart im Nenner auftritt.

IV. Die absoluten Einheiten der Elektrizitätslehre sind dadurch zu bezeichnen, daß man das Formelzeichen der betreffenden Größe in eckige Klammern einschließt und an diese den Index s oder m setzt: I = Stromstärke, $[I]_s$ = elektrostatische Einheit der Stromstärke, $[I]_m$ = elektromagnetische Einheit der Stromstärke.

Erläuterungen.

Der Entwurf stellt zwei verschiedene Arten von Gleichungen, die Größen- und die Zahlenwertgleichungen, einander gegenüber und versucht sie so festzulegen, daß sie nebeneinander benutzt werden können.

Der AEF sieht eine Begründung der Auffassungen, die den beiden Schreibweisen zugrunde liegen, nicht als seine Aufgabe an; Näheres darüber findet man z. B. im zweiten Bande des Handbuchs der Physik von Geiger und Scheel (Kapitel 1) und in der ETZ 1927, S. 426 u. 1834. Er lehnt es auch ab, die eine der beiden Schreibweisen als die bessere oder gar als die allein berechtigte hinzustellen; es muß im einzelnen Falle geprüft werden, welche von den beiden vorzuziehen ist. Daß beide möglich sind, kann nicht bestritten werden.

Die folgenden Erläuterungen sollen an Beispielen zeigen, wie sich die Vorschriften des Entwurfs praktisch auswirken.

Beim Rechnen mit Größengleichungen entsteht eine kleine Schwierigkeit, wenn in derselben Gleichung derselbe Buchstabe in Kursiv (liegend) eine Größe, in Antiqua (steil) eine Einheit bedeutet (z. B. s = Weg, s = Sekunde; m = Masse,

---

[1] Nach einem neueren Beschluß des AEF sollen die Entwürfe 5 und 29 vereinigt werden.
[2] Zweite Fassung.

m = Meter; F = Fläche, F = Farad). In solchen Fällen hilft man sich dadurch, daß man die Einheiten ausführlicher schreibt, z. B. sec, Meter, Farad.

A. Unterschied zwischen Größen- und Zahlenwertgleichungen (Vorschrift I).

a) Größengleichungen.

Die „durchschnittliche Geschwindigkeit" v eines bewegten Körpers während eines Zeitraums t wird bekanntlich definiert als das Verhältnis des Weges s, den er in dem Zeitraum zurücklegt, zu dem Zeitraum t:

$$v = \frac{s}{t}. \tag{1}$$

Versteht man hier unter den Zeichen v, s und t die „Größen" Geschwindigkeit, Weg und Zeit, also jedesmal die „Produkte" aus den Zahlenwerten und den Einheiten, so ist die Gleichung (1) eine „Größengleichung". Sie gilt als solche für jede Einheitenwahl.

Der Schnellzug Berlin-Hamburg z. B. braucht zur Überwindung der 290 km betragenden Entfernung $3^1/_2$ Stunden. Seine durchschnittliche Geschwindigkeit ist daher nach (1)

$$v = \frac{290 \text{ km}}{3{,}5 \text{ h}} = 83 \frac{\text{km}}{\text{h}}. \tag{2}$$

Die Einheit km/h, in der sich hier die Geschwindigkeit ergeben hat, ist im Eisenbahnwesen gebräuchlich. Ein Physiker, der die Geschwindigkeit eines Eisenbahnzugs mit andern in der Physik vorkommenden Geschwindigkeiten vergleichen will, zöge es vielleicht vor, v auf die Einheit des CGS-Systems zu beziehen. Er müßte berücksichtigen, daß nach Definition

$$\left.\begin{array}{l} \text{km} = 10^5 \text{ cm} \\ \text{h} = 3600 \text{ sec} \end{array}\right\} \tag{3}$$

ist, und erhielte durch Einsetzen in (2)

$$v = 83 \frac{10^5 \text{ cm}}{3600 \text{ sec}} = 2{,}30 \cdot 10^3 \frac{\text{cm}}{\text{sec}}.$$

Man könnte als Einheit der Geschwindigkeit auch die Schallgeschwindigkeit v_0 in trockner Luft bei der Normaltemperatur von 20° C wählen (eine solche Festsetzung könnte von Interesse sein z. B. bei der Angabe von Geschoßgeschwindigkeiten). Man hätte dann zu berücksichtigen, daß

$$v_0 = 343 \frac{\text{m}}{\text{sec}} \tag{4}$$

ist, und erhielte, da

$$\frac{\text{cm}}{\text{sec}} = \frac{\text{m}}{10^2 \text{ sec}} = \frac{1}{10^2} \frac{v_0}{343} = 10^{-5} \frac{v_0}{0{,}343}$$

ist, schließlich für die Geschwindigkeit des Schnellzugs Berlin-Hamburg

$$v = \frac{2{,}30 \cdot 10^{3-5}}{0{,}343} v_0 = 0{,}067 \, v_0.$$

Die Beispiele zeigen, daß man bei Benutzung von Größengleichungen die Einheitensymbole unbekümmert miteinander multiplizieren und durcheinander dividieren darf, gerade als ob es Zahlen wären. Man hat nur zu beachten, daß an Stelle der Formelzeichen niemals die Zahlenwerte, sondern immer nur die (symbolischen) Produkte aus den Zahlenwerten und Einheiten eingesetzt werden dürfen.

b) Zugeschnittene Größengleichungen.

Statt die Größen in den gegebenen Einheiten einzusetzen und das Ergebnis dann auf die gewünschte Einheit umzurechnen, kann man die Größengleichungen selbst umformen. Teilt man z. B. die Gleichung (1) links und rechts durch km/h, so erhält man

$$\frac{v}{\text{km/h}} = \frac{s/\text{km}}{t/\text{h}}. \tag{5}$$

Diese Gleichung sagt aus, daß man (selbstverständlich) den Zahlenwert (d. h. das Verhältnis „Größe/Einheit" gemäß Vorschrift I) der Zuggeschwindigkeit in km/h erhält, wenn man den Zahlenwert der Entfernung in km durch den Zahlenwert der Fahrzeit in h dividiert.

Gleichung (5) ist die „auf die Einheiten km/h, km und h zugeschnittene" Größengleichung.

Man kann die Gleichung (1) auch durch die Gleichung

$$\frac{\text{cm}}{\text{sec}} = 0{,}036 \frac{\text{km}}{\text{h}} \tag{6}$$

teilen, die aus den beiden Gleichungen (3) folgt. Dann erhält man die Gleichung

$$\frac{v}{\text{cm/sec}} = 27{,}8 \frac{s/\text{km}}{t/\text{h}} \tag{7}$$

als „zugeschnittene Größengleichung", die aussagt, daß man den Zahlenwert von v bezogen auf cm/sec erhält, wenn man den Quotienten aus den Zahlenwerten von s und t bezogen auf km und h bildet und noch mit der Zahl 27,8 multipliziert.

Endlich kann man aus den Gleichungen (4) und (3) die Kombination

$$v_0 = 343 \frac{\text{m}}{\text{sec}} = 343 \frac{10^{-3} \text{ km}}{\text{h}/3600} = 1235 \frac{\text{km}}{\text{h}} \tag{8}$$

bilden und die Gleichung (1) durch sie dividieren. Dann erhält man in der Gleichung

$$\frac{v}{v_0} = 0{,}81 \cdot 10^{-3} \frac{s/\text{km}}{t/\text{h}} \tag{9}$$

die zugeschnittene Größengleichung, aus der man ersieht, wie man die Geschwindigkeit des Zugs, bezogen auf die Schallgeschwindigkeit, berechnen könnte aus der Entfernung in km und der Fahrzeit in h.

Die zugeschnittenen Größengleichungen sind, wie man erkennt, nichts anderes als identische „Erweiterungen" der ursprünglichen allgemeinen Größengleichungen, so wie etwa $ad = bcd$ eine Erweiterung der Gleichung $a = bc$ ist.

c) Zahlenwertgleichungen.

In den Zahlenwertgleichungen bedeuten die Formelzeichen die Zahlenwerte, also die Quotienten „Größe/Einheit".

Diese kommen in den zugeschnittenen Größengleichungen bereits vor. Man kann also unmittelbar durch einen Bezeichnungswechsel von den zugeschnittenen Größengleichungen zu den Zahlenwertgleichungen übergehen. So gehören zu den Gleichungen (5), (7) und (9) die Zahlenwertgleichungen

$$v = \frac{s}{t}, \tag{5 Z}$$

$$v = 27{,}8 \frac{s}{t}, \tag{7 Z}$$

$$v = 0{,}81 \cdot 10^{-3} \frac{s}{t}. \tag{9 Z}$$

Die Zahlenwertgleichungen sind einfacher als die Größengleichungen; sie erhalten jedoch erst durch Angabe der zugrunde liegenden Einheiten eine bestimmte Bedeutung.

d) Abgestimmte Einheiten.

Man bemerkt, daß die äußere Form der Zahlenwertgleichung (5 Z) genau dieselbe ist wie die der zugehörigen Größengleichung (1). Das ist deshalb so, weil sie auf „abgestimmte" Einheiten bezogen ist. Darunter seien Einheiten verstanden, die miteinander durch Beziehungen verbunden sind, in denen keine von 1 verschiedenen Zahlenfaktoren vorkommen. In der Tat besteht zwischen den Einheiten, die der Gleichung (5 Z) zugrunde liegen, die zahlenfaktorlose Identität km/h = km/h.

Anders ist es bei den Gleichungen (7 Z) und (9 Z). Die zugehörigen Einheitenbeziehungen (6) und (8) enthalten die Zahlenfaktoren 0,036 und 1235. Um deren reziproke Werte unterscheiden sich die Gleichungen (7 Z) und (9 Z) von der Größengleichung (1).

e) Eine dritte Schreibweise.

Häufig setzt man bei Zahlenwertgleichungen die Einheit, auf welche die gerade auszurechnende Größe zu beziehen ist, am Schlusse zu, z. B.

$$v = 27{,}8 \frac{s}{t} \frac{\text{cm}}{\text{sec}} \qquad (10)$$

an Stelle von (7 Z).

Solche „Mischgleichungen" sind sehr beliebt; der AEF kann sie jedoch nicht empfehlen. Denn entweder ist der Zusatz cm/sec als Faktor aufzufassen: dann bedeutet der Buchstabe v eine Größe, die Buchstaben s und t dagegen bedeuten Zahlenwerte; oder er ist kein Faktor, dann sollte man allenfalls

$$v = 27{,}8 \frac{s}{t} \text{ in } \frac{\text{cm}}{\text{sec}}$$

schreiben, aber nicht durch die Schreibweise (10) den Irrtum erwecken, als habe man es mit einer zugeschnittenen Größengleichung zu tun.

B) Form der Größengleichungen. (Vorschriften II und III.)

Vorschrift II sagt aus, daß die in den Gleichungen auftretenden empirischen Faktoren als Größen zu behandeln sind. Sie kann nur dann befolgt werden, wenn zuvor die Frage geklärt ist, inwieweit den Größengleichungen überhaupt empirische Faktoren beigegeben werden müssen.

Wir wollen diese Gruppe von Fragen an zwei einfachen Beispielen erläutern.

a) Das Beispiel der Dichte.

Nach dem Newtonschen Bewegungsgesetz hängt die Kraft P, die zur Beschleunigung eines homogenen Körpers erforderlich ist, von der Art des Stoffes ab, aus dem er besteht, und ist im übrigen seinem Rauminhalt V und der Größe der ihm zu erteilenden Beschleunigung b proportional:

$$P = \varrho V b . \qquad (11)$$

Die Proportionalitätskonstante ϱ heißt „Dichte" des Körpers; sie spielt in der Gleichung (11) offenbar die Rolle des empirischen Faktors, soll also nach Vorschrift II in den Größengleichungen ebenfalls als „Größe" behandelt werden.

Angenommen z. B., es sei für eine Kugel von 4 cm Durchmesser eine Beschleunigung von 1 m/sec² gefordert und es habe sich herausgestellt, daß dazu eine Kraft von 26,1 kdyn nötig ist. Dann besteht die Kugel aus einem Stoff (Stahl), dessen Dichte ϱ gleich

$$\varrho = \frac{P}{Vb} = \frac{26{,}1 \text{ kdyn sec}^2}{\frac{4}{3}(2\text{ cm})^3 \pi \cdot 100 \text{ cm}} = 7{,}8 \frac{\text{g}}{\text{cm}^3}$$

ist. Auf Grund der Vorschrift II und der Definition (11) ergibt sich also die Dichte ϱ als benannte Größe, nicht als Zahl.

Man ist aber nicht an die Definition (11) gebunden, sondern kann auch das Produkt $m = \varrho V$ „Masse" nennen und als Dichte oder — wie wir zur Unterscheidung lieber sagen wollen — als „Dichtezahl" $\hat{\varrho}$ das Verhältnis der gegebenen Masse zu der Masse desselben Volumens eines Bezugskörpers bezeichnen. Geben wir diesem den Index 0, so ist $\hat{\varrho}$ definiert als m/m_0 für gleiche V. Es gilt also

$$m = \varrho V$$
$$m_0 = \varrho_0 V$$

und

$$\hat{\varrho} = \frac{m}{m_0} = \frac{\varrho}{\varrho_0} .$$

Wir wählen in unserm Beispiel als Bezugsstoff Wasser von 4° C. 38,5 cm³ Wasser von 4° C haben erfahrungsgemäß bei normalem Druck eine Masse von sehr nahe 38,5 g. Also ist

$$\varrho_0 = \frac{38{,}5 \text{ g}}{38{,}5 \text{ cm}^3} = 1 \frac{\text{g}}{\text{cm}^3} \qquad (12)$$

und

$$\hat{\varrho} = \frac{\varrho}{\varrho_0} = 7{,}8 .$$

Während die Dichten des betrachteten Körpers und des Bezugsstoffs Massen geteilt durch Rauminhalte sind, hat die Dichtezahl als Verhältnis zweier Dichten die „Dimension Null", sie ist „dimensionslos".

Der Zusammenhang zwischen Masse und Volumen darf nach den angeführten Definitionen und nach Vorschrift II als Größengleichung nur in den Formen

$$m = \varrho V$$

oder

$$m = \varrho_0 \hat{\varrho} V$$

ausgedrückt werden. Die Schreibweise

$$m = \hat{\varrho} V$$

dagegen ist als Größengleichung unzulässig; sie zulassen, hieße die Masse und das Volumen als gleichdimensioniert ansehen.

b) Das Beispiel der Dielektrizitätskonstante.

Die Dielektrizitätskonstante ε kann als die Proportionalitätskonstante des Coulombschen Gesetzes aufgefaßt werden:

$$P = \frac{1}{\varepsilon} \frac{Q_1 Q_2}{4 \pi r^2} . \qquad (13)$$

Erteilt man z. B. zwei kleinen Kugeln, die in einer isolierenden Flüssigkeit schweben und $r = 1$ cm voneinander entfernt sind, die Ladungen $Q_1 = Q_2 =$ nC $= 10^{-9}$ Coulomb, so stoßen sie sich erfahrungsgemäß mit einer ganz bestimmten Kraft ab. Wir denken uns diese Kraft gemessen und wollen annehmen[1], sie sei gleich 4 mg. Dann kann man die Dielektrizitätskonstante ε der Flüssigkeit nach dem Coulombschen Gesetz berechnen:

$$\varepsilon = \frac{Q_1 Q_2}{4 \pi r^2 P} = \frac{10^{-18} \text{ C}^2}{4 \pi \text{ cm}^2 \cdot 4 \text{ mg}} = \frac{10^{-20}}{0{,}503} \frac{\text{C}^2}{\text{mg cm}^2}$$
$$= \frac{10^{-14}}{0{,}503} \frac{\text{C}^2}{\text{kg cm}^2} .$$

Nun ist[2]

$$1 \text{ kg} = 0{,}0981 \frac{\text{CV}}{\text{cm}} ;$$

wir können also auch schreiben:

$$\varepsilon = \frac{10^{-14}}{0{,}503} \frac{\text{C}^2 \text{ cm}}{0{,}0981 \text{ CVcm}^2} = 2{,}03 \cdot 10^{-13} \frac{\text{F}}{\text{cm}} .$$

Die durch (13) eingeführte Dielektrizitätskonstante ergibt sich, wie man sieht, genau wie die durch (11) eingeführte Dichte gemäß Vorschrift II als benannte Größe und nicht als reine Zahl.

Man kann nun aber die Dielektrizitätskonstante ebenso wie die Dichte auch noch in einer andern Weise definieren, und zwar als das Verhältnis der Kapazität, die ein Kondensator mit dem gerade betrachteten Stoff als Dielektrikum hat, zu der Kapazität, die er annimmt, wenn man den Raum zwischen seinen Belegungen leer pumpt. Offenbar kommt diese zweite Definition darauf hinaus, daß man eine andere Dielektrizitätskonstante $\hat{\varepsilon}$, die man „Dielektrizitätszahl" nennen könnte, gleich dem Verhältnis

$$\hat{\varepsilon} = \frac{\varepsilon}{\varepsilon_0}$$

setzt, wo ε_0 die Dielektrizitätskonstante des leeren Raums bedeutet. Diese Konstante ε_0 kann in derselben Weise ge-

---

[1] Hier und in den folgenden Abschnitten (mit Ausnahme des Schlusses von B b und des Abschnittes D c) bedeutet g keine Masse mehr, sondern eine Kraft.

[2] Es ist 1 kg $= 0{,}981 \cdot 10^6$ dyn; 1 dyn $= 10^{-7} \frac{\text{J}}{\text{cm}}$.

messen werden wie die Konstante ε der isolierenden Flüssigkeit. Man findet für sie

$$\varepsilon_0 = 0{,}886 \cdot 10^{-13} \frac{\text{F}}{\text{cm}}; \quad (14)$$

also ist

$$\hat{\varepsilon} = \frac{\varepsilon}{\varepsilon_0} = \frac{2{,}03}{0{,}886} = 2{,}3.$$

$\hat{\varepsilon}$ ist die Dielektrizitätskonstante, die man in den Zahlentafeln findet. Gegen ihre Verwendung ist so wenig wie gegen die Verwendung der Dichte $\hat{\varrho}$ etwas einzuwenden. Nur muß das Coulombsche Gesetz dann als Größengleichung in der Form

$$P = \frac{Q_1 Q_2}{\varepsilon_0 \hat{\varepsilon} 4\pi r^2}$$

geschrieben werden; die Schreibweise

$$P = \frac{Q_1 Q_2}{\hat{\varepsilon} 4\pi r^2}$$

ist unzulässig.

Die Gleichung (14) für ε_0 entspricht der Gleichung (12) für ϱ_0. Daß der Zahlenwert von ε_0 in (14) unrund und sehr klein, der von ϱ_0 in (12) dagegen sehr nahe gleich 1 ist, rührt nur davon her, daß man sich bemüht hat, die Masseneinheit g genau so groß zu machen wie die Masse eines Kubikzentimeters Wasser im Zustande der größten Dichte, daß man also die genaue Gültigkeit der Gleichung

$$\text{g} = \varrho_0 \, \text{cm}^3$$

angestrebt hat. Aus dieser Forderung folgt die Gleichung (12), die mit großer Genauigkeit, aber nicht völlig genau richtig ist. Das „Liter" ist nichts anderes als das Volumen kg/ϱ_0.

c) Stellung des Faktors 4π.

Vorschrift II stellt eine wichtige Bedingung für die Schreibweise der Größengleichungen auf, indem sie verbietet, empirische Faktoren ohne Grund als reine Zahlen zu behandeln.

Mit der Frage der Zufügung von Zahlenfaktoren beschäftigt sich Vorschrift III. Sie fordert — und zwar aus Gründen der Zweckmäßigkeit — die zuerst von Heaviside befürwortete Schreibweise.

Die Grundgrößengleichungen der Elektrizitätslehre nehmen auf Grund der Vorschriften II und III die einfache Form an:

$$\frac{\partial \mathfrak{D}}{\partial t} + \varkappa \mathfrak{E} = \text{rot}\,\mathfrak{H}, \qquad \frac{\partial \mathfrak{B}}{\partial t} = -\text{rot}\,\mathfrak{E},$$

$$\mathfrak{D} = \varepsilon \mathfrak{E}, \qquad \mathfrak{B} = \mu \mathfrak{H},$$

$$\mathfrak{S} = [\mathfrak{E}\mathfrak{H}], \quad W_e = \int \frac{1}{2} \mathfrak{E}\mathfrak{D}\,dV, \quad W_m = \int \frac{1}{2} \mathfrak{B}\mathfrak{H}\,dV.$$

Es ist nötig, darauf hinzuweisen, daß sich die Vorschriften II und III nur auf die Größengleichungen beziehen. Die Zahlenwertgleichungen der Elektrizitätslehre ergeben sich nach dem im Abschnitt A besprochenen Verfahren von selbst in der gebräuchlichen Form. Im einzelnen wird dies durch die Beispiele unter D erläutert werden.

C. Zeichen für die absoluten Einheiten (Vorschrift IV).

Beim Rechnen mit Größengleichungen darf man die Einheitszeichen wie Faktoren behandeln. Für die absoluten Einheiten der Elektrizitätslehre gibt es aber bis jetzt noch keine anerkannten Zeichen.

Man findet zwar z. B. für die elektrostatische Einheit des Widerstands das Zeichen $\text{cm}^{-1}\,\text{s}$, für die elektromagnetische das Zeichen $\text{cm}\,\text{s}^{-1}$. Die Benutzung dieser Zeichen ist aber mit dem Rechenverfahren unter A unvereinbar; denn wenn jede Größe gleich dem Produkt aus ihrem Zahlenwert und der benutzten Einheit sein soll, so können sich verschiedene Einheiten für dieselbe Größe nur durch einen Zahlenfaktor voneinander unterscheiden. Die bisher ab und zu verwendeten Einheitszeichen der absoluten Maßsysteme widersprechen also den Grundsätzen, auf denen das Rechnen mit Größengleichungen beruht.

Die vorgeschlagene Bezeichnung knüpft an die übliche Verwendung der eckigen Klammern zur Bezeichnung der Dimension oder auch der Einheit einer Größe an; sie ist sehr naheliegend und erweiterungsfähig und hat sich beim praktischen Rechnen bewährt.

Mit Hilfe der neuen Einheitszeichen läßt sich z. B. aus dem Werte von ε_0 bequem das Verhältnis der elektrostatischen Elektrizitätsmengeneinheit $[Q]_e$ zum Coulomb herleiten. $[Q]_e$ ist nach dem Coulombschen Gesetz (13) definiert durch

$$\text{dyn} = \frac{[Q]_e^2}{\varepsilon_0\, 4\pi\, \text{cm}^2};$$

also ist nach (14)

$$[Q]_e^2 = 10^{-7}\frac{\text{J}}{\text{cm}} \cdot 0{,}886 \cdot 10^{-13} \frac{\text{F}}{\text{cm}} 4\pi\, \text{cm}^2 = 11{,}1 \cdot 10^{-20}\,\text{C}^2$$

und

$$[Q]_e = 3{,}34 \cdot 10^{-10}\,\text{C}.$$

D) Weitere Beispiele.

a) Paßeinheit.

Für die sog. „Paßeinheit" gilt nach Normblatt DIN 772 die Gleichung (D = Durchmesser)

$$1\,\text{PE} = 5 \cdot 10^{-3} \sqrt[3]{D}.$$

Das Normblatt enthält den Zusatz, daß die Rechnung Werte in Millimeter ergibt und daß D in Millimeter einzusetzen ist. Aus dieser Fassung folgt, daß es sich um eine Zahlenwertgleichung handelt.

Will man deutsche Paßeinheiten mit englischen Paßeinheiten vergleichen, so tut man gut daran, die Zahlenwertgleichung in die Größengleichung umzuwandeln, indem man statt der Zahlenwerte die Quotienten aus Größen und Einheiten einsetzt:

$$\frac{\text{PE}}{\text{mm}} = 5 \cdot 10^{-3} \sqrt[3]{\frac{D}{\text{mm}}}$$

oder auch

$$\text{PE} = 5 \cdot 10^{-3} \cdot \sqrt[3]{D\,\text{mm}^2}.$$

Setzt man nun $1\,\text{mm} = 1\,\text{Zoll}/25{,}4$, so erhält man

$$\text{PE} = 5 \cdot 10^{-3} \sqrt[3]{D\left(\frac{\text{Zoll}}{25{,}4}\right)^2} = 0{,}58 \cdot 10^{-3} \sqrt[3]{D\,\text{Zoll}^2}.$$

Hieraus folgt z. B. für $D = 8\,\text{Zoll}$ sofort

$$\text{PE} = 0{,}58 \cdot 10^{-3} \sqrt[3]{8\,\text{Zoll}^3} = 1{,}16\,\text{mZoll}.$$

Gerade bei rein empirischen Gleichungen wie der hier betrachteten empfiehlt sich häufig die Schreibweise mit Größen.

Die allgemeine Größengleichung für die Paßeinheit kann, wie man sofort sieht, in der Form

$$\text{PE} = \sqrt[3]{D p^2}$$

geschrieben werden, wo $p = 0{,}35\,\mu$ ist. Die Paßeinheit ist also nichts anderes als das geometrische Mittel aus dem Durchmesser und einem für alle Durchmesser gleichen, mit doppeltem Gewicht in Rechnung zu stellenden Abstand p.

b) Spannungen und Drucke.

In England werden bekanntlich Kräfte noch immer in Pfund, Flächen in Quadratzoll gemessen. Hat man nun häufig englische und deutsche Angaben von Spannungen (σ) oder Drucken (p) zu vergleichen, so empfiehlt es sich, aus den Gleichungen

$$1\,\text{Pfund} = 0{,}454\,\text{kg},$$
$$1\,\text{Quadratzoll} = 6{,}45\,\text{cm}^2$$

die Identität

$$\frac{\sigma\,(p)}{\text{Pfund}/\text{Quadratzoll}} = \frac{\sigma\,(p)}{0{,}454\,\text{kg}/6{,}45\,\text{cm}^2} = 14{,}22\,\frac{\sigma\,(p)}{\text{kg}/\text{cm}^2}$$

zu bilden und sich demnach zu merken, daß man den Zahlenwert der Größen σ und p in Pfund je Quadratzoll aus der deutschen Angabe durch Multiplikation mit 14,22 erhält.

c) Gesetz der Elektrolyse.

Nach dem Faradayschen Gesetz sind die bei der Elektrolyse ausgeschiedenen Massen m den bewegten Elektrizitätsmengen Q proportional:

$$m = \text{const. } Q.$$

Bezeichnet man nun mit A das Grammatom, mit n die Wertigkeit, mit N die Loschmidtsche Zahl und mit e die Elektronenladung, so wird mit der Ladung ne die Masse A/N ausgeschieden. Es gilt also auch

$$\frac{A}{N} = \text{const. } ne,$$

und durch Division erhält man

$$\frac{m}{A/n} = \frac{Q}{Ne}. \tag{15}$$

Die linke Seite kann hier aufgefaßt werden als die Masse, bezogen auf das Grammäquivalent (Val) als Einheit, die rechte als die Ladung, bezogen auf die Äquivalent- oder Valenzladung als Einheit; und man kann daher die Gleichung als Zahlenwertgleichung, bezogen auf „spezifische" Einheiten, in der einfachen Form

$$m = Q$$

schreiben.

Der Wert der Äquivalentladung ist der Gleichung (15) unmittelbar auf Grund der Definition des Coulombs zu entnehmen; es ist nämlich

$$Ne = \frac{A}{n}\frac{Q}{m} = \frac{107{,}88\,\text{g}}{1}\frac{1\,\text{C}}{1{,}118\,\text{mg}} = 96\,500\,\text{C}.$$

Weiter besteht zwischen Ne und der spezifischen Ladung des Wasserstoffions ein einfacher Zusammenhang. Dessen Ladung ist gleich e, seine Masse gleich $1\,\text{gramm}/N$. Also ist seine spezifische Ladung gleich Ne/gramm. Da die Identität

$$\frac{Ne}{\text{Coul}} = \frac{Ne/\text{gramm}}{\text{Coul}/\text{gramm}}$$

besteht, ist der Zahlenwert der Äquivalentladung gleich dem Zahlenwert der spezifischen Ladung des Wasserstoffions — alle Größen auf Gramm und Coulomb bezogen. Von Gleichheit der beiden Größen kann jedoch keine Rede sein, weil sie verschiedener Dimension sind.

d) Kondensator.

Die allgemeine Größengleichung für die Kapazität eines Kondensators von der Flächengröße F und dem Flächenabstand a lautet nach Vorschrift III

$$C = \varepsilon \frac{F}{a}. \tag{16}$$

Für das unter B b vorausgesetzte Dielektrikum und für $F = 400\,\text{cm}^2$, $a = 0{,}1\,\text{cm}$ erhält man hieraus ohne weiteres

$$C = 2{,}03 \cdot 10^{-13} \frac{\text{Farad}}{\text{cm}} \frac{400\,\text{cm}^2}{0{,}1\,\text{cm}} = 0{,}812 \cdot 10^{-9}\,\text{Farad}. \tag{17}$$

Will man C auf die elektrostatische Kapazitätseinheit $[C]_s$ (auch „cm" genannt) beziehen, so muß man auf ihre Definition zurückgehen. Man versteht unter ihr die Kapazität einer von andern Leitern weit entfernten Kugel vom Radius 1 cm im leeren Raum. Nun ist die Größengleichung für die Kapazität einer Kugel nach Vorschrift III:

$$C = 4\pi\varepsilon r;$$

also ist nach (14)

$$[C]_s = 4\pi\varepsilon_0\,\text{cm} = 4\pi \cdot 0{,}886 \cdot 10^{-13}\,\text{Farad}$$
$$= 1{,}113 \cdot 10^{-12}\,\text{Farad}. \tag{18}$$

Setzt man dies in (17) ein, so erhält man

$$C = \frac{0{,}812 \cdot 10^{-9}}{1{,}113 \cdot 10^{-12}}[C]_s = 731\,[C]_s.$$

Will man die Kapazität nur in der elektrostatischen Einheit berechnen, so ist es bequemer, die Zahlenwertgleichung zu benutzen. Man teilt die Gleichungen (16) und (18) durcheinander und erhält

$$\frac{C}{[C]_s} = \frac{1}{4\pi}\cdot\frac{\varepsilon}{\varepsilon_0}\cdot\frac{F}{\text{cm}^2}\cdot\frac{\text{cm}}{a}$$

oder, als Zahlenwertgleichung geschrieben,

$$C = \frac{\varepsilon F}{4\pi a}.$$

Hiernach ergibt sich in unserm Beispiel unmittelbar

$$C = \frac{2{,}3 \cdot 400}{4\pi \cdot 0{,}1} = 731.$$

e) Hubmagnet.

Für die auf die Flächeneinheit bezogene Tragkraft p eines Magnets gilt, wenn man sie in kg/cm² und die Induktion $\mathfrak{B}$ in Gauß angibt, die Formel

$$p = 4{,}06 \cdot 10^{-8}\,\mathfrak{B}^2.$$

Wir fragen nach der zugehörigen Größengleichung. Unmittelbar ergibt sich die zugeschnittene Größengleichung

$$\frac{p\,\text{cm}^2}{\text{kg}} = 4{,}06 \cdot 10^{-8}\frac{\mathfrak{B}^2}{\text{Gauß}^2}.$$

Nun ist

$$\text{kg} = 0{,}0981\,\frac{\text{J}}{\text{cm}},$$

$$\text{Gauß} = 10^{-8}\,\frac{\text{Volt sec}}{\text{cm}^2};$$

also wird

$$p = 0{,}0981\,\frac{\text{J}}{\text{cm}^3}\,4{,}06 \cdot 10^{-8}\frac{\mathfrak{B}^2\,\text{cm}^4}{10^{-16}\text{Volt}^2\,\text{sec}^2} = \frac{\mathfrak{B}^2\,\text{cm}}{2{,}50 \cdot 10^{-8}\,\text{H}}.$$

Wir kürzen die benannte Größe $2{,}5 \cdot 10^{-8}\,\text{H/cm}$ durch $2\mu_0$ ab und erhalten die gesuchte Größengleichung in der Form

$$p = \frac{\mathfrak{B}^2}{2\mu_0}.$$

Die Konstante

$$\mu_0 = 1{,}256 \cdot 10^{-8}\,\frac{\text{H}}{\text{cm}} \tag{19}$$

ist nichts anderes als die Permeabilität des leeren Raums, wie sie sich z. B. durch Messung des Feldes im Innern einer Ringspule, durch die ein bekannter Strom fließt, auch unmittelbar ergibt.

f) Lichtgeschwindigkeit.

Die Geschwindigkeit elektromagnetischer Wellen im leeren Raum folgt aus der Größengleichung

$$c = \frac{1}{\sqrt{\varepsilon_0\mu_0}},$$

die der bekannten Gleichung für die Laufgeschwindigkeit von Schallwellen $v = \sqrt{\text{Elastizität}/\text{Dichte}}$ entspricht. Da nämlich

$$\text{H F} = \Omega\,\text{sec}\cdot\frac{\text{sec}}{\Omega} = \text{sec}^2 \tag{20}$$

ist, ergibt sich nach (14) und (19)

$$c = \frac{1}{\sqrt{0{,}886 \cdot 10^{-13}\frac{\text{F}}{\text{cm}}\cdot 1{,}256 \cdot 10^{-8}\frac{\text{H}}{\text{cm}}}}$$

$$= \frac{\text{cm}}{\sqrt{1{,}113 \cdot 10^{-21}\,\text{H F}}} = 3 \cdot 10^{10}\,\frac{\text{cm}}{\text{sec}}.$$

g) Schwingungskreis.

Es werde endlich noch die bekannte, dem Gaußschen System entsprechende Zahlenwertgleichung für die „Wellenlänge" eines Schwingungskreises

$$\lambda = 2\pi\sqrt{LC} \tag{21}$$

aus der zugehörigen Größengleichung
$$\lambda = \frac{c}{f} = 2\pi c \sqrt{LC} = 2\pi \sqrt{c^2 LC} \qquad (22)$$
abgeleitet. Nach (18) ist
$$F = 0{,}898 \cdot 10^{12} [C]_e;$$
außerdem gilt
$$H = 10^9 [L]_m.$$
Daher ist nach (20)
$$HF = 8{,}98 \cdot 10^{20} [L]_m [C]_e = \frac{c^2 \sec^2}{cm^2} [L]_m [C]_e = \sec^2$$

oder
$$\frac{c^2}{cm^2} = \frac{1}{[L]_m [C]_e};$$
also ist auch nach (22)
$$\frac{\lambda}{cm} = 2\pi \sqrt{\frac{c^2}{cm^2} LC} = 2\pi \sqrt{\frac{L}{[L]_m} \frac{C}{[C]_e}}.$$
Hierzu gehört aber als Zahlenwertgleichung die gesuchte Gleichung (21).

Aufgaben.

Zur Zeit bearbeitet der AEF noch die folgenden Aufgaben:

Erweiterung der Listen der Formel-, Einheits- und mathematischen Zeichen
Einheit der Frequenz
Einheiten für mechanische Größen
Namen für Bewegungen
Drehzahl
Momente 2. Grades
Begriffsbestimmungen für Kraft, Arbeit, Energie, Leistung, Spannung, Drehmoment
Benennungen in der Schwingungs- und Wellenlehre
Benennungen in der Akustik

Namen für die Arten des elektrischen Stroms
Formen der elektrischen Entladung in Luft
Elektrische Eigenschaften gestreckter Leiter
Magnetische Größen und Einheiten
Magnetische Streuung
Namen für die in Wechselstrommotoren auftretenden elektromotorischen Kräfte
Wicklungssinn und Klemmenbezeichnung
Vorzeichenregeln für die Wechselstromtechnik
Drehsinn und Voreilung im Wechselstromdiagramm.

Wandtafeln des AEF.

Der AEF hat von den bis jetzt festgestellten Formel- und Einheitszeichen Wandtafeln herstellen lassen und zwar:

3 Tafeln Formelzeichen } im DIN-Format A 1
2   „   Einheitszeichen } (59,4 × 84,1 cm²).

Sie sind zum Preise von 35 Pf. je Tafel von der Geschäftsstelle des Elektrotechnischen Vereins in Berlin W 35, Potsdamer Str. 118a (Voreinsendung auf Postscheckkonto Berlin 133 02) zu beziehen. Verpackung und Porto für 1 bis 5 Tafeln 55 Pf.

Sachverzeichnis.

Abgestimmte Einheiten 44.
Abkürzung von Einheiten 15.
Absolute Einheiten u. Systeme 16, 43, 46.
Akustik (Benennungen) 48.
Ampere (Schreibweise) 16.
Antiquaschrift 15, 19, 31.
Arbeit 40f., 48.
Atmosphäre 17.
Atomprozent 35.

Bar (Krafteinheit) 17.
Bewegungen (Namen) 48.
bis 17, 19.
Blindstrom, Blindleistung usw. 36, 38.
Buchstaben, griechische, als Formelzeichen 14.

Dezimalzeichen 17, 19.
Dichte 41f., 45.
Dielektrizitätskonstante 13, 45f.
Differential 18, 19.
Diminutiv 18, 19.
Divergenz 30, 31.
Drehmoment (Begriffsbestimmung) 48.
Drehung, Drehungsinn 32, 48.
Drehzahl 48.
Druckeinheit 17.
Durchflutung 26.

Echtwiderstand 37, 39.
Eingeprägte EMK 21f., 23f.
Einheiten, absolute 16, 43, 46.
Einheitsvektor 29, 30.
Einheitszeichen 14f., 48.
Elektrische Arbeit 40, 41.
Elektrische Entladungen, Formen 48.
Elektrische Ströme (Namen) 48.
Elektrochemische Einheit der Elektrizitätsmenge 34.
Elektromotorische Kraft 21f., 23f.
Energie 40f., 48.
Energiestrom 41.
Erg 19.
Ersatzstrom 38, 40.

Feld, Fluß 27.
Formelzeichen 12f., 48.
Frakturschrift 13, 29, 30.
Frequenz 48.
Fuß 15.

Gaskonstante 19.
Gehalt von Lösungen 34f.
Gewicht 17, 28f.
Gewichtsräumigkeit 42.
Gleichwiderstand 37, 39.
Gradient 30, 31.
Grammatomgewicht 34, 36.

Griechische Buchstaben als Formelzeichen 14.
Größen, mech., Einheiten 48.
Größengleichungen 43f.
Großpferd 21.

Harmonische 40.
Horsepower 15.

Induktionsgesetz 22, 24f.

Joule 16, 19.

Kilogramm-Masse u. -Kraft 17.
Kilogrammeter 19.
Kilokalorie 19.
Kilowattstunde 19.
Klemmenbezeichnung 48.
Konzentration 34, 35f.
Koordinatensystem 32f.
Kraft (Begriffsbestimmung) 48.
Kursivschrift 19.

Leistung 21, 41, 48.
Leistungsfaktor 37, 39.
Leiter, Eigenschaften gestreckter 48.
Leitfähigkeit, Leitwert 20.
Lösungen, Gehalt von 34f.

Magnetische Größen und Einheiten 48.
Magnetischer Schwund 41.
Magnetische Streuung 48.
Masse 17, 28f.
Massenprozent 35.
Massenräumigkeit 42.
Maßsysteme 16, 43, 46.
Mathematische Zeichen 17f., 48.
Mechanische Größen, Einheiten 48.
Mechanisches Wärmeäquivalent 19.
Mehrphasenstrom 38.
Mho 20.
Minute 14, 16.
Mol 34.
Molenbruch 35.
Molprozent 35.
Momente 2. Grads 48.

Nabla 30, 31f.
Neupferd 21.
Normaltemperatur 26.

Oberschwingungen 39f.
Ohm 14, 15, 16.
Ohmsches Gesetz 22, 24f.

Pendelleistung 39.
Pferdestärke 15, 21.
Potential, Potentialdifferenz 21f., 23, 24.
Praktisches Maßsystem 16.

Quintal 16.

Richtleistung 43.
Rotor 30, 31.

Scheinleistung, Scheinwiderstand usw. 36, 38.
Schraubung, Schraubungsinn 32.
Schreibweise physikalischer Gleichungen 43ff.
Schwerkraft 28, 29.
Schwingungslehre (Benennungen) 48.
Schwund, magnetischer 41.
Sekunde 14, 16.
Sichtgewicht 28, 29.
Siemens (Einheit) 20.
Spannung, elektrische 21f.
Spannung, mechanische 48.
Spezifisches Gewicht 42.
Stère 16.
Strahlung 41.
Streuung, magnetische 48.
Strombelag 26.
Systeme, absolute 16, 43, 46.

Technisches Maßsystem 16.
Temperaturbezeichnungen 20.

Umdrehung 14.

Val 34, 35.
Valenzladung 34.
Vektorprodukt 30, 31.
Vektorzeichen 29f.
Verdünnung 34, 35.
Vis (Krafteinheit) 17.
Volumprozent 35.
Voreilung 48.
Vorsätze (bei Einheitszeichen) 15.
Vorzeichenregeln 48.

Wage 29.
Wandtafeln des AEF 48.
Wärmeäquivalent, mech. 19.
Wärmeeinheit 16.
Wattstrom, wattloser Strom 39.
Wechselstromgrößen 36f.
Wechselstrommotoren, elektromotorische Kräfte 48.
Wellenlehre (Benennungen) 48.
Wichte 41f.
Wicklungssinn 48.
Winkel zweier Geraden 32.
Wirkstrom, Wirkleistung usw. 36, 38.

Zahlenwertgleichungen 43.
Zeichen, mathematische 17f., 48.
Zeitpunkte, Zeiträume 16.
Zimmertemperatur 27.

Verlag von Julius Springer / Berlin

Die Grundlagen der Hochfrequenztechnik. Eine Einführung in die Theorie von Dr.-Ing. **Franz Ollendorff**, Charlottenburg. Mit 379 Abbildungen im Text und 3 Tafeln. XVI, 640 Seiten. 1926. Gebunden RM 36.—

Hochfrequenzmeßtechnik. Ihre wissenschaftlichen und praktischen Grundlagen. Von Dr.-Ing. **August Hund**, Beratender Ingenieur. Zweite, vermehrte und verbesserte Auflage. Mit 287 Textabbildungen. XIX, 526 Seiten. 1928. Gebunden RM 39.—

Hochspannungstechnik. Von Dr.-Ing. **Arnold Roth**. Mit 437 Abbildungen im Text und auf 3 Tafeln, sowie 75 Tabellen. VIII, 534 Seiten. 1927. Gebunden RM 31.50

Die Gleichstrom-Querfeldmaschine. Von Dr.-Ing. **E. Rosenberg**. Mit 102 Textabbildungen. V, 98 Seiten. 1928. Erscheint demnächst.

Elektromaschinenbau. Berechnung elektrischer Maschinen in Theorie und Praxis. Von Dr.-Ing. **P. B. Arthur Linker**, Privatdozent, Hannover. Mit 128 Textfiguren und 14 Anlagen. VIII, 304 Seiten. 1925. Gebunden RM 24.—

Elektrische Maschinen. Von Prof. **Rudolf Richter**, Direktor des Elektrotechnischen Instituts Karlsruhe. In zwei Bänden.
  I. Band: **Allgemeine Berechnungselemente. Die Gleichstrommaschinen.** Mit 453 Textabbildungen. X, 630 Seiten. 1924. Gebunden RM 27.—
  II. Band: In Vorbereitung.

Ankerwicklungen für Gleich- und Wechselstrommaschinen. Ein Lehrbuch von Prof. **Rudolf Richter**, Direktor des Elektrotechnischen Instituts Karlsruhe. Mit 377 Textabbildungen. XI, 423 Seiten. 1920. Berichtigter Neudruck 1922. Gebunden RM 14.—

Die Elektromotoren in ihrer Wirkungsweise und Anwendung. Ein Hilfsbuch für die Auswahl und Durchbildung elektromotorischer Antriebe. Von **Karl Meller**, Oberingenieur. Zweite, vermehrte und verbesserte Auflage. Mit 153 Textabbildungen. VII, 160 Seiten. 1923. RM 4.60; gebunden RM 6.—

Wirkungsweise elektrischer Maschinen. Von Prof. Dr. techn. **Milan Vidmar**, Ljubljana. Mit 203 Abbildungen im Text. VI, 223 Seiten. 1928. RM 12.—; gebunden RM 13.50

Die Transformatoren. Von Prof. Dr. techn. **Milan Vidmar**, Ljubljana. Zweite, verbesserte und vermehrte Auflage. Mit 320 Abbildungen im Text und auf einer Tafel. XVIII, 752 Seiten. 1925. Gebunden RM 36.—

Der Transformator im Betrieb. Von Prof. Dr. techn. **Milan Vidmar**, Ljubljana. Mit 126 Abbildungen im Text. VIII, 310 Seiten. 1927. Gebunden RM 19.—

Berechnung von Drehstrom-Kraftübertragungen. Von Obering. **Oswald Burger**. Mit 36 Textabbildungen. V, 115 Seiten. 1927. RM 7.50

Der Quecksilberdampf-Gleichrichter. Von **Kurt Emil Müller**, Ingenieur in der Schaltgerätefabrik der AEG-Treptow.
  Erster Band: **Theoretische Grundlagen.** Mit 49 Textabbildungen und 4 Zahlentafeln. IX, 217 Seiten. 1925. Gebunden RM 15.—
  Zweiter Band: **Konstruktive Grundlagen.** Erscheint im Herbst 1928.

Verlag von Julius Springer / Berlin

Theorie der Wechselstromübertragung (Fernleitung und Umspannung). Von Dr.-Ing. **H. Grünholz.** Mit 130 Abbildungen im Text und auf 12 Tafeln. VI, 222 Seiten. 1928. Gebunden RM 36.75

Die Berechnung von Gleich- und Wechselstromsystemen. Von Dr.-Ing. **Fr. Natalis.** Zweite, völlig umgearbeitete und erweiterte Auflage. Mit 111 Abbildungen. VI, 214 Seiten. 1924. RM 10.—

Wechselstromtechnik. Von Prof. Dr. **G. Roessler,** Danzig. Zweite Auflage von „Elektromotoren für Wechselstrom und Drehstrom". I. Teil. Mit 185 Textfiguren. XII, 303 Seiten. 1912. Gebunden RM 9.—

Der Wechselstromkompensator. Von Dr.-Ing. **W. v. Krukowski.** Mit 20 Abbildungen im Text und auf einem Textblatt. (Sonderabdruck aus „Vorgänge in der Scheibe eines Induktionszählers und der Wechselstromkompensator als Hilfsmittel zu deren Erforschung".) IV, 60 Seiten. 1920. RM 4.—

Die asynchronen Wechselfeldmotoren. Kommutator- und Induktionsmotoren. Von Prof. Dr. **Gustav Benischke.** Mit 89 Abbildungen im Text. IV, 114 Seiten. 1920. RM 4.20

Elektrizität und Magnetismus

Redigiert von

W. Westphal

Bildet Band XII—XVII des „Handbuch der Physik". Herausgegeben von H. Geiger, Kiel, und Karl Scheel, Berlin-Dahlem. Das Handbuch umfaßt insgesamt 24 Bände. Jeder Band ist einzeln käuflich.

Band XII: **Theorien der Elektrizität. Elektrostatik.** Bearbeitet von A. Güntherschulze, F. Kottler, H. Thirring, F. Zerner. Mit 112 Abbildungen. VII, 564 Seiten. 1927.
RM 46.50; gebunden RM 49.—

Band XIII: **Elektrizitätsbewegung in festen und flüssigen Körpern.** Bearbeitet von E. Baars, A. Coehn, G. Ettisch, H. Falkenhagen, W. Gerlach, E. Grüneisen, B. Gudden, A. Güntherschulze, G. v. Hevesy, G. Laski, F. Noether, H. v. Steinwehr. Mit 222 Abbildungen. VII, 672 Seiten. 1928. RM 55.50; gebunden RM 58.—

Band XIV: **Elektrizitätsbewegung in Gasen.** Bearbeitet von G. Angenheister, R. Bär, A. Hagenbach, K. Przibram, H. Stücklen, E. Warburg. Mit 189 Abbildungen. VII, 444 Seiten. 1927.
RM 36.—; gebunden RM 38.10

Band XV: **Magnetismus. Elektromagnetisches Feld.** Bearbeitet von E. Alberti, G. Angenheister, E. Gumlich, P. Hertz, W. Romanoff, R. Schmidt, W. Steinhaus, S. Valentiner. Mit 291 Abbildungen. VII, 532 Seiten. 1927. RM 43.50; gebunden RM 45.60

Band XVI: **Apparate und Meßmethoden für Elektrizität und Magnetismus.** Bearbeitet von E. Alberti, G. Angenheister, E. Baars, E. Giebe, E. Gumlich, A. Güntherschulze, W. Jaeger, F. Kottler, W. Meißner, G. Michel, H. Schering, R. Schmidt, W. Steinhaus, H. v. Steinwehr, S. Valentiner. Mit 623 Abbildungen. IX, 801 Seiten. 1927.
RM 66.—; gebunden RM 68.40

Band XVII: **Elektrotechnik.** Bearbeitet von H. Behnken, F. Breisig, A. Fraenckel, A. Güntherschulze, F. Kiebitz, W. O. Schumann, R. Vieweg, V. Vieweg. Mit 360 Abbildungen. VII, 392 Seiten. 1926. RM 31.50; gebunden RM 33.60

If you have any concerns about our products,
you can contact us on
ProductSafety@springernature.com

In case Publisher is established outside the EU,
the EU authorized representative is:
Springer Nature Customer Service Center GmbH
Europaplatz 3, 69115 Heidelberg, Germany

Printed by Libri Plureos GmbH
in Hamburg, Germany